**高等院校
信息技术应用型
规划教材**

丛书顾问　冯博琴
丛书主编　陶　进　侯冬梅

Java程序设计教程

石瑞峰　边　琦　主　编
冯晓龙　刘　岩　副主编

清华大学出版社
北京

内 容 简 介

本书在教学内容选取上以"必需、够用"为度,重点突出关键能力和程序设计能力的训练,以问题引导的方式,建立学生的学习兴趣,提高其求知欲望;以案例驱动的方式,培养学生的学习动机;以实训项目的方式,培养学生应用语言的能力,体现了"工学结合"的教学理念。全书共 10 章,内容包括 Java 语言概述、Java 语言基础、方法和数组、面向对象程序设计、数据流操作、Java 的图形用户界面、Applet 及其应用、异常处理、线程技术、综合项目设计。书中给出了面向对象程序设计的大量案例和习题,力求通过程序设计实例讲清相关概念、原理、方法和应用,为教师的备课、学生的学习提供最大方便。

本书可作为高等院校计算机、信息管理相关专业的教材,也可作为 Java 程序设计的培训教材,还可作为程序设计人员的参考书。

本书封面贴有清华大学出版社防伪标签,无标签者不得销售。
版权所有,侵权必究。侵权举报电话: 010-62782989 13701121933

图书在版编目(CIP)数据

Java 程序设计教程/石瑞峰,边琦主编. —北京: 清华大学出版社,2012.8
(高等院校信息技术应用型规划教材)
ISBN 978-7-302-28999-9

Ⅰ. ①J… Ⅱ. ①石… ②边… Ⅲ. ①JAVA 语言-程序设计-高等职业教育-教材
Ⅳ. ①TP312

中国版本图书馆 CIP 数据核字(2012)第 122209 号

责任编辑:孟毅新
封面设计:常雪影
责任校对:袁 芳
责任印制:杨 艳

出版发行:清华大学出版社
    网　　址: http://www.tup.com.cn, http://www.wqbook.com
    地　　址: 北京清华大学学研大厦 A 座　　邮　　编: 100084
    社 总 机: 010-62770175　　邮　　购: 010-62786544
    投稿与读者服务: 010-62776969, c-service@tup.tsinghua.edu.cn
    质量反馈: 010-62772015, zhiliang@tup.tsinghua.edu.cn
    课件下载: http://www.tup.com.cn, 010-62795764
印 刷 者:北京市人民文学印刷厂
装 订 者:三河市兴旺装订有限公司
经　　销:全国新华书店
开　　本: 185mm×260mm　　印　　张: 16.25　　字　　数: 373 千字
版　　次: 2012 年 8 月第 1 版　　　　　　　　　　印　　次: 2012 年 8 月第 1 次印刷
印　　数: 1~3000
定　　价: 33.00 元

产品编号: 041319-01

前　言

Java 语言是一种纯面向对象的计算机程序设计语言,其"一次编译,多次运行"的特性使该语言在 Web 编程方面得到了广泛的应用。自 1995 年诞生以来,随着 Internet 的发展,Java 技术日益成熟,Java 语言已为各种应用提供了非常丰富的软件开发工具以及应用程序开发包,生成具有中立体系结构的中间代码,具有很强的可移植性。简单的语法结构、面向对象的设计理念、安全的接口编程、多线程的应用机制使其成为网络应用开发的主流语言,并受到了广大程序设计人员的青睐。

本书在内容组织上主要采用案例驱动的形式,由适当的任务导入,引导学生了解相关的问题以及解决问题的知识要点。为更好地体现"工学结合"的教学思想,书中使用了大量的实际案例,通过对案例的分析及代码实现,给出相关的知识细节,比较全面地讲述了 Java 的编程思想和技术应用。在内容递进层次上,从 Java 语言基础入手,讲解 Java 的基本概念、基本语法结构。在面向对象程序设计方面,重点是对象、类、继承、多态等概念的应用,突出面向对象的程序设计思想。此外,讲解数据流操作、多线程处理以及 Java 的异常处理;最后设计的几个小型项目,综合应用了 Java 的相关知识点。总之,在教学内容选取上,基本理论以"够用"为度,重点突出关键能力和程序设计能力的训练。

本书的特点如下。

(1) 知识点由浅入深,内容编排循序渐进,易教易学。

(2) 基本理论知识与设计应用并重,内容新颖,富有启发性。

(3) 立足基本概念、方法,注重基本技能的培养。

(4) 语言通俗,简明实用,适于自学。

(5) 理论与实践并重,理论融入实践项目中,注重学生的创新精神与实践能力的培养,分析问题与解决问题能力的培养。

(6) 课程实践应用性强,以实践应用为主线,选取实用性、针对性较强的案例,使学生不仅可以掌握 Java 的基本知识,还可以学习程序设计的基本方法与思路。

(7) 案例教学贯穿始终,任务驱动,教、学、练合一。

本书由石瑞峰、边琦任主编,冯晓龙、刘岩任副主编。具体分工为:石瑞峰编写第 1 章、第 10 章;边琦编写第 3 章;冯晓龙编写第 4 章、第 8 章;刘岩编写第 6 章、第 7 章;赵金考、李钰编写第 2 章;王瑾瑜编写第 9 章;吕润涛编写第 5 章。全书由石瑞峰负责规划与统稿。

书中所有实例的程序代码均在 JDK 1.6 环境下调试通过,读者可从清华大学出版社网站(http://www.tup.com.cn)上下载使用,如有疑问可与作者联系:srx0628@126.com。

由于编者水平有限,书中难免有不足之处,真诚希望得到广大专家和读者的批评和指正。

编 者
2012 年 7 月

目　录

第 1 章　Java 语言概述 … 1

1.1　初识 Java 语言 … 1
- 1.1.1　目标 … 1
- 1.1.2　情境导入 … 1
- 1.1.3　案例分析 … 2
- 1.1.4　案例实施 … 2
- 1.1.5　Java 语言的发展历程 … 7
- 1.1.6　Java 语言的工作原理及其特点 … 8

1.2　Java 应用程序开发 … 11
- 1.2.1　目标 … 11
- 1.2.2　情境导入 … 11
- 1.2.3　案例分析 … 11
- 1.2.4　案例实施 … 12
- 1.2.5　JVM 机制 … 16
- 1.2.6　Java Application 程序与 Java Applet 程序 … 17

1.3　小结 … 18
习题 … 18

第 2 章　Java 语言基础 … 20

2.1　基本数据 … 20
- 2.1.1　目标 … 20
- 2.1.2　情境导入 … 20
- 2.1.3　案例分析 … 21
- 2.1.4　案例实施 … 21
- 2.1.5　数据类型 … 22
- 2.1.6　常量和变量 … 29
- 2.1.7　运算符和表达式 … 31

2.2　语句结构 … 37
- 2.2.1　目标 … 37
- 2.2.2　情境导入 … 37

2.2.3　案例分析 ··· 37
　　　2.2.4　案例实施 ··· 38
　　　2.2.5　基本语句 ··· 39
　　　2.2.6　选择语句 ··· 40
　　　2.2.7　循环语句 ··· 46
　　　2.2.8　跳转语句 ··· 53
　　　2.2.9　自主演练 ··· 54
　2.3　小结 ··· 56
　习题 ·· 56

第3章　方法和数组 ·· 60

　3.1　方法 ··· 60
　　　3.1.1　目标 ··· 60
　　　3.1.2　情境导入 ··· 60
　　　3.1.3　案例分析 ··· 61
　　　3.1.4　案例实施 ··· 61
　　　3.1.5　方法定义及其应用 ·· 62
　　　3.1.6　变量的作用域 ··· 66
　　　3.1.7　自主演练 ··· 67
　3.2　数组 ··· 69
　　　3.2.1　目标 ··· 69
　　　3.2.2　情境导入 ··· 69
　　　3.2.3　案例分析 ··· 69
　　　3.2.4　案例实施 ··· 70
　　　3.2.5　一维数组 ··· 71
　　　3.2.6　多维数组 ··· 74
　　　3.2.7　字符数组 ··· 75
　　　3.2.8　自主演练 ··· 78
　3.3　小结 ··· 80
　习题 ·· 81

第4章　面向对象程序设计 ··· 83

　4.1　对象 ··· 83
　　　4.1.1　目标 ··· 83
　　　4.1.2　情境导入 ··· 83
　　　4.1.3　案例分析 ··· 83
　　　4.1.4　案例实施 ··· 84
　　　4.1.5　对象的创建与使用 ·· 85

	4.1.6	面向对象的特征	89
	4.1.7	面向过程与面向对象	92
	4.1.8	自主演练	93
4.2	类		93
	4.2.1	目标	93
	4.2.2	情境导入	94
	4.2.3	案例分析	94
	4.2.4	案例实施	94
	4.2.5	类的创建与应用	95
	4.2.6	类的继承与多态	103
	4.2.7	自主演练	111
4.3	接口和包		112
	4.3.1	目标	112
	4.3.2	情境导入	112
	4.3.3	案例分析	112
	4.3.4	案例实施	113
	4.3.5	接口的定义与实现	113
	4.3.6	包的创建与使用	117
	4.3.7	自主演练	120
4.4	小结		122
习题			122

第5章 数据流操作 … 124

5.1	数据流概述		124
	5.1.1	目标	124
	5.1.2	情境导入	124
	5.1.3	案例分析	124
	5.1.4	案例实施	125
	5.1.5	流的概念及流的包装	125
	5.1.6	输入/输出类	127
5.2	数据流应用		129
	5.2.1	目标	129
	5.2.2	情境导入	129
	5.2.3	案例分析	129
	5.2.4	案例实施	129
	5.2.5	字节流	130
	5.2.6	字符流	132
	5.2.7	自主演练	135

5.3 文件类及其应用 ……………………………………………… 135
　　5.3.1 目标 …………………………………………………… 135
　　5.3.2 情境导入 ……………………………………………… 136
　　5.3.3 案例分析 ……………………………………………… 136
　　5.3.4 案例实施 ……………………………………………… 136
　　5.3.5 文件的创建与使用 …………………………………… 137
　　5.3.6 随机文件流 …………………………………………… 139
　　5.3.7 自主演练 ……………………………………………… 139
5.4 小结 …………………………………………………………… 140
习题 ………………………………………………………………… 141

第6章 Java 的图形用户界面 …………………………………… 142

6.1 图形界面设计 ………………………………………………… 142
　　6.1.1 目标 …………………………………………………… 142
　　6.1.2 情境导入 ……………………………………………… 142
　　6.1.3 案例分析 ……………………………………………… 142
　　6.1.4 案例实施 ……………………………………………… 143
　　6.1.5 界面构成 ……………………………………………… 144
　　6.1.6 JFC 的组成 …………………………………………… 144
　　6.1.7 自主演练 ……………………………………………… 145
6.2 事件和事件处理 ……………………………………………… 145
　　6.2.1 目标 …………………………………………………… 145
　　6.2.2 情境导入 ……………………………………………… 146
　　6.2.3 案例分析 ……………………………………………… 146
　　6.2.4 案例实施 ……………………………………………… 146
　　6.2.5 事件类 ………………………………………………… 147
　　6.2.6 事件处理 ……………………………………………… 148
　　6.2.7 自主演练 ……………………………………………… 155
6.3 基本控件组件与常用容器组件 ……………………………… 156
　　6.3.1 目标 …………………………………………………… 156
　　6.3.2 情境导入 ……………………………………………… 156
　　6.3.3 案例分析 ……………………………………………… 156
　　6.3.4 案例实施 ……………………………………………… 157
　　6.3.5 基本控件组件 ………………………………………… 158
　　6.3.6 常用容器组件 ………………………………………… 159
　　6.3.7 自主演练 ……………………………………………… 161
6.4 布局设计 ……………………………………………………… 161
　　6.4.1 目标 …………………………………………………… 162

    6.4.2 情境导入 ·· 162
    6.4.3 案例分析 ·· 162
    6.4.4 案例实施 ·· 162
    6.4.5 布局管理器类与布局模型 ·· 163
    6.4.6 自主演练 ·· 166
  6.5 小结 ··· 166
  习题 ·· 166

第7章 Applet 及其应用 ·· 169

  7.1 初识 Applet ··· 169
    7.1.1 目标 ·· 169
    7.1.2 情境导入 ·· 169
    7.1.3 案例分析 ·· 169
    7.1.4 案例实施 ·· 169
    7.1.5 Applet 基础 ·· 171
    7.1.6 Applet 与 Applet 类 ·· 172
    7.1.7 自主演练 ·· 173
  7.2 Applet 应用程序 ··· 173
    7.2.1 目标 ·· 173
    7.2.2 情境导入 ·· 173
    7.2.3 案例分析 ·· 174
    7.2.4 案例实施 ·· 174
    7.2.5 Applet 的开发步骤 ··· 175
    7.2.6 Applet 的参数传递 ··· 176
    7.2.7 Applet 中的 GUI ··· 177
    7.2.8 自主演练 ·· 178
  7.3 Applet 多媒体编程 ··· 178
    7.3.1 目标 ·· 178
    7.3.2 情境导入 ·· 178
    7.3.3 案例分析 ·· 178
    7.3.4 案例实施 ·· 179
    7.3.5 文字与图形 ··· 180
    7.3.6 声音与动画 ··· 180
    7.3.7 自主演练 ·· 182
  7.4 小结 ··· 183
  习题 ·· 183

第 8 章　异常处理 ………………………………………………………………… 185

8.1　异常概述 ……………………………………………………………… 185
8.1.1　目标 ……………………………………………………… 185
8.1.2　情境导入 ………………………………………………… 185
8.1.3　案例分析 ………………………………………………… 185
8.1.4　案例实施 ………………………………………………… 186
8.1.5　异常与异常类 …………………………………………… 187
8.1.6　异常处理机制 …………………………………………… 188
8.2　异常处理 ……………………………………………………………… 188
8.2.1　目标 ……………………………………………………… 188
8.2.2　情境导入 ………………………………………………… 188
8.2.3　案例分析 ………………………………………………… 189
8.2.4　案例实施 ………………………………………………… 189
8.2.5　异常的捕获与抛出 ……………………………………… 191
8.2.6　finally 语句 ……………………………………………… 194
8.2.7　自主演练 ………………………………………………… 196
8.3　小结 …………………………………………………………………… 196
习题 ………………………………………………………………………… 197

第 9 章　线程技术 ………………………………………………………………… 198

9.1　线程的 Java 实现 ……………………………………………………… 198
9.1.1　目标 ……………………………………………………… 198
9.1.2　情境导入 ………………………………………………… 198
9.1.3　案例分析 ………………………………………………… 199
9.1.4　案例实施 ………………………………………………… 199
9.1.5　基本概念 ………………………………………………… 201
9.1.6　线程的创建 ……………………………………………… 202
9.1.7　线程的状态 ……………………………………………… 203
9.1.8　线程的调度与控制 ……………………………………… 204
9.2　多线程处理 …………………………………………………………… 209
9.2.1　目标 ……………………………………………………… 209
9.2.2　情境导入 ………………………………………………… 209
9.2.3　案例分析 ………………………………………………… 209
9.2.4　案例实施 ………………………………………………… 209
9.2.5　同步与锁机制 …………………………………………… 212
9.2.6　线程的等待与唤醒 ……………………………………… 213
9.2.7　自主演练 ………………………………………………… 215

9.3 线程的其他特性 ··· 216
   9.3.1 目标 ··· 216
   9.3.2 情境导入 ·· 216
   9.3.3 案例分析 ·· 216
   9.3.4 案例实施 ·· 217
   9.3.5 主线程和守护线程 ··· 218
   9.3.6 线程组与线程池 ·· 220
   9.3.7 死锁 ··· 221
9.4 小结 ·· 222
习题 ·· 222

第 10 章 综合项目设计 ·· 224

10.1 目标 ·· 224
10.2 情境导入 ··· 224
10.3 案例分析 ··· 225
10.4 案例实施 ··· 226
10.5 小结 ·· 245

参考文献 ··· 247

第 1 章 Java 语言概述

Java 语言是一种面向对象的程序设计语言,可以用来编制跨平台的应用软件,其前身是 Oak 语言,语法格式类似于 C++,但要比 C++ 简单,更容易理解,因为它丢弃了 C++ 中的一些难于理解的内容,如指针操作、运算符重载等,避免了对计算机内存的直接访问与操作,使得数据操作的安全性得到进一步的加强,同时大大降低了编程的难度,并以其实用、与平台无关性、安全性等优点,受到广大程序设计人员的青睐。用 Java 语言开发的 Applet 程序应用于全球信息网络平台,改变了以往那种静态呆板的页面,增强了网页的互动性,给人以无穷的视觉效果与想象空间。

1.1 初识 Java 语言

1.1.1 目标

通过安装、配置 Java 的开发工具包,了解 Java 的运行环境。初步认识 Java 程序的语法格式,了解 Java 语言的发展历程、特点,掌握 Java 程序的工作原理。

1.1.2 情境导入

一种语言的使用是离不开它的应用环境的,对于 Java 来说,它的语言要素非常丰富,是一个纯面向对象的程序设计语言,即利用类和对象的机制将数据和方法封装在一起,通过统一的接口与外界进行交互,程序内部通过对象的继承关系,有效地组织整个程序。程序的设计开发离不开良好的开发环境,Java 的应用开发使用专用的工具集,即 JDK(Java Development Kits)套件,它是由 SUN 公司开发、完全免费的工具集,现有 3 种版本:Java 2 Standard Edition、Java 2 Micro Edition 和 Java 2 Enterprise Edition。

Java 2 Standard Edition 简称 J2SE,即标准版(Standard Edition),它是最常用的一个版本,使用 Java Hotspot 虚拟机来提高其性能,其 Java 类库包含了 Java 语言的所有特性;Java 2 Enterprise Edition 简称 J2EE,即企业版(Enterprise Edition),这种版本用于开发 J2EE 应用程序,针对的设备主要是后端的 Server;Java 2 Micro Edition 简称 J2ME,即微型版(Micro Edition),主要用于移动设备、嵌入式设备上的 Java 应用程序开发。J2SDK(Java 2 Software Development Kits)是新版本 JDK 的特定称呼,它包括 Java 的编

译器、解释器、调试器以及 Java API(Application Programming Interface)类库等,所有这些应用开发工具都为 Java 语言的广泛应用奠定了良好的基础。例如,要在计算机屏幕上显示这样一条简单的信息:"学习 Java 语言,需要一步步深入!",Java 语言将如何解决这个问题呢?

1.1.3 案例分析

信息的输出显示是一个应用程序不可或缺的部分,数据的最终处理结果都将通过不同的显示输出给用户。上面提到的问题表面上看似简单,只是显示一条信息,但是针对信息的显示,不同的语言使用不同的指令,而且指令的使用环境也有所区别。首先需要了解 Java 程序的开发环境,根据 Sun 公司发布的各种版本的 Java 开发包,安装标准版本的工具包即可完成这样的任务,因为这些工具包具有很强的通用性。其次需要了解开发工具的环境变量的配置。

Java 提供了大量 API 类库,当程序调用到系统提供的公用类库时,需要知道这些内容放置的准确位置,类库文件的搜索路径需要在系统环境中设置,同时也可设置一些快捷操作方式以便灵活使用 Java 开发工具。在开发包安装完成后,需要测试开发工具是否正常工作,这样可避免程序调试时出现不必要的错误。

开发一个程序显示上面的信息将涉及 Java 源程序的编制、编译、执行等步骤。由于 Java 语言是以类为基础的面向对象语言,基本的构造单元是类,对象是一种执行单位,所以设计的 Java 程序将以类的方式来组织,在类的内部使用不同的方法来处理程序中用到的各种数据对象。

1.1.4 案例实施

根据 Sun 公司提供的相关技术资料,使用 J2SE 版本的工具包即可搭建好 Java 的开发环境。Java 开发软件的安装步骤如下。

1. 下载 Java 2 SDK 工具包

下载地址是:http://www.oracle.com/technetwork/java/javase/downloads/index.html,下载页面如图 1-1 所示。在页面 Java SE Downloads 中选择 JDK,接下来在 Java 版本选择页中选择运行的平台类型,然后单击下载 jdk-6u24-windows-i586.exe 工具包,如图 1-2 所示。

2. 安装 J2SDK 工具包

运行已下载的 jdk-6u24-windows-i586.exe 工具包,安装中可使用默认的安装方式,也可以定制安装目录以及选择需要安装的内容,安装画面如图 1-3 所示。

Java 2 SDK 属于分离式(命令式)开发环境,它由一组工具组成,每一个工具完成一定的工作,所有的工具组成一个工具包。在该开发环境下主要包含的工具如下所示。

(1) Javac

Javac 是 Java 的编译器,它将 Java 源程序编译为字节码程序,要求 Java 的源文件必须使用.java 作为扩展名。

图 1-1　Java 下载主页

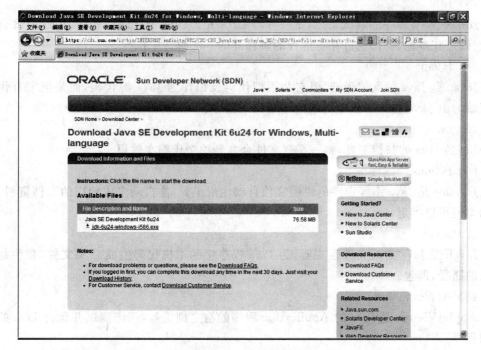

图 1-2　Java 工具包下载页

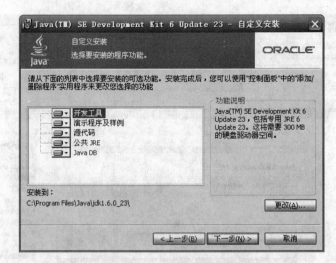

图 1-3　J2SDK 安装界面

（2）Java

Java 是 Java 语言的字节码程序解释器，只是一个基于虚拟机 JVM 平台的程序。不同的计算机系统使用不同的解释器，任何一台机器只要配备了 Java 解释器，就可以运行字节码程序，而不管这种字节码程序是在何种平台上生成的。

（3）Jdb

Jdb 是 Java 程序的调试工具，是一种与 DBX 相似的命令行调试程序，用于调试 Java 类，它既可在本地执行，也可在与远程的解释器的一次对话中执行。

（4）Javap

Javap 是 Java 的反编译器，但它并不把代码反编译为 Java 源代码，而是把字节代码反汇编为由 Java 虚拟机规范定义的字节代码指令。

（5）Jar

Jar 是 Java 的归档工具，将一系列文件合并到单个压缩文件里。

（6）Javadoc

Javadoc 是 Java 语言程序的说明文档自动生成工具，能自动生成相应的文档资料，文档的类型可以指定。

（7）Javah

Javah 是 Java 的头文件生成器，为 Java 程序中的本机代码生成 C 头文件，要注意类所在的路径，即包。

（8）AppletViewer

AppletViewer 是 Java 的 Application 程序的宿主浏览器，用于测试并运行 Java 的小应用程序。

3．配置运行环境的参数

打开 Windows 系统的"系统属性"对话框，如图 1-4 所示，单击对话框中的"环境变量"按钮，进入"环境变量"对话框，如图 1-5 所示。

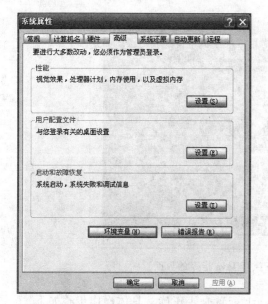 

图1-4 "系统属性"对话框　　　　　图1-5 "环境变量"对话框

新建一个用户变量 JAVA_HOME,变量的值设置为 C:\Program Files\Java\jdk1.6.0_23,使其指向 JDK 的安装路径,在这个路径下能够找到 bin、lib 等目录。注意用到的路径要与安装时设定的路径一致,否则系统将无法在指定的路径下搜索到所需的内容。

新建一个用户变量 classpath,变量的值设置为".;%JAVA_HOME%\lib\dt.jar;%JAVA_HOME%\lib\tools.jar",其作用是指定 J2SDK 的 Java 类路径,告诉 Java 类装载器到哪里去寻找第三方提供的类以及用户自定义的类。classpath 值的最前面的"."表示当前目录,如图 1-6 所示。

在用户变量 PATH 添加 J2SDK 命令的搜索路径,添加的值是"%JAVA_HOME%\bin",用分号将该值与 PATH 中原有的值分隔,设置界面如图 1-7 所示。用户变量的配置只对当前用户有效,如果将环境参数配置为系统变量,则对所有用户有效。

图1-6 classpath 配置界面　　　　　图1-7 PATH 配置界面

4. 运行环境测试

一般在开发包安装完成后,需要重新启动操作系统,然后进入 Windows 的 DOS 环境,在 DOS 提示符后输入"Java"后按 Enter 键,如果出现图 1-8 所示的 Java 指令使用信息,说明 Java 运行环境的参数配置已经生效,此时即可编译 Java 的源程序,编译无错后即可执行 Java 编译后的类文件。

经过上面的安装、配置操作,Java 的开发环境已经就绪,接下来就是 Java 应用程序的

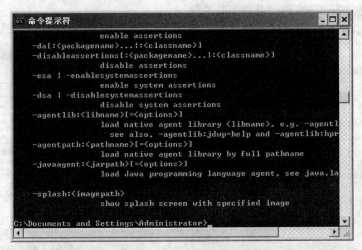

图 1-8　DOS 环境下执行 Java 指令的界面

编辑制作、编译执行了，同时可以测试 classpath 配置是否正确。具体操作步骤如下。

1. 编辑 Java 源程序

Java 程序是一种文本格式的文档，最简单的编辑方式就是使用 Windows 系统提供的记事本，打开记事本后，输入如下代码：

```
public class test{                                          //声明类
    public static void main(String[] args){                 //定义主方法
        System.out.println("学习 Java 语言,需要一步步深入!"); //输出字符串
    }
}
```

代码比较简单，但包含了重要的知识内容，如类的声明、方法的定义、系统类库的应用等，详细内容将在后续章节学习。将该文件保存为 test.java，要求保存的文件名与程序代码中定义的主类名必须一致，字符的大小写也必须一致。本程序代码中定义了一个 test 类，所以文件名使用 test，文件的扩展名是 .java。

2. 编译 Java 源程序

进入 DOS 环境，在提示符后面输入指令：javac test.java，按 Enter 键执行该命令。如果程序出现错误，Java 编译器会提示出错的位置及出错类型，如图 1-9 所示。此时需要返回记事本修改 Java 源程序中出错的语句，保存后再进行编译，反复执行修错、编译的操作，直到没有编译错误。源程序编译后会产生一个 test.class 文件。

3. 执行 Java 程序

在 DOS 提示符后面输入指令：java test，按 Enter 键执行该命令，程序的执行结果如图 1-10 所示。

经过上面的步骤轻松实现了简单信息的输出显示，显然 Java 的应用还是比较简单的，在全面了解 Java 语言之前，首先来了解一下 Java 的历史及其特点。

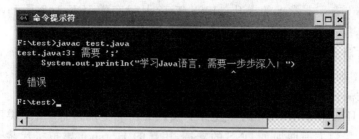

图 1-9　Java 程序编译出错界面

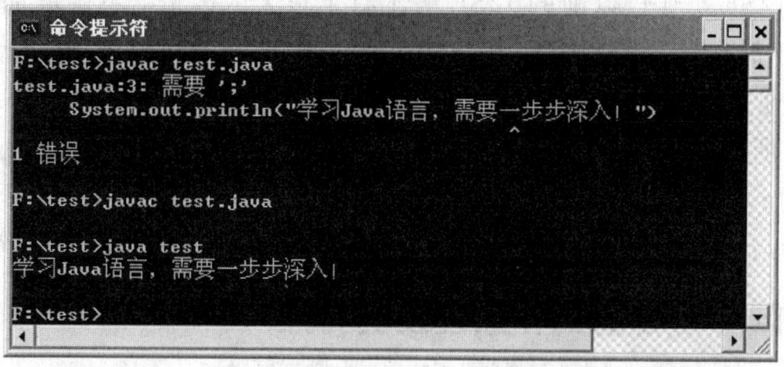

图 1-10　Java 程序执行结果界面

1.1.5　Java 语言的发展历程

Java 来自于 Sun 公司的一个叫 Green 的项目,其原先是为家用消费电子产品开发一个分布式代码系统,一开始准备采用 C++,由于 C++ 太复杂且安全性差,不能满足高度简洁、安全的要求,最后基于 C++ 开发了一种符合自己目标的、用于网络的精巧而安全的语言——Oak 语言。随着计算机网络的不断发展与环球信息网 WWW 的快速增长,对适合在网络异构环境下使用的语言出现了前所未有的迫切需求,于是 Sun 公司的 Janes Gosling 领导的绿色计划(Green Project)对 Oak 进行了改造,专门设计了用于家用电器等小型电器的编程语言,用于控制家用电器以及与家电进行通信,就这样 Java 在 1995 年的 3 月诞生了! Java 能够被应用在全球信息网络的平台上编写互动性极强的 Applet 程序,极大地促进了互联网的发展,同时也为 Java 的广泛应用、功能的快速提升打下了良好的基础。

Java 只是一种语言,要想开发比较复杂的应用程序,必须有一个强大的开发库予以支持,于是 Sun 在 1996 年 1 月发布了 JDK 1.0 版本。这个版本包括运行环境(Java Runtime Environment,JRE)和开发环境(JDK)两个部分。其中运行环境由核心 API、集成 API、用户界面 API、发布技术以及 Java 虚拟机(Java Virtual Machine,JVM)共 5 个部分构成,当时只有用户界面 API 库(Abstract Windowing Toolkit,AWT)比较完整。开发环境包括编译 Java 程序的编译器(Javac)。1997 年 2 月发布的 JDK 1.1 版本为 JVM 增加了即时编译器(Just In Time,JIT),它与传统的编译器不同,JIT 将经常用到的编译后的指令保存在内存中,下次调用无须再次编译,而传统的编译器是使用一次编译一次,所以JDK在效率上有了非常大的提升。1998年12月发布的JDK 1.2是Java历史上最重要的一个版本,标志着Java已经进入Java 2时代。JDK 1.2版分为J2EE、J2SE和J2ME这3个版本,并将它的API分成了三大类:核心API类库、可选API类库以及特殊API类库。Java 2增加了另一个图形库Swing,它不但有各式各样先进的组件,而且连组件风格都可抽换。另外在多线程、集合类和非同步类上也做了大量的改进。

在随后的JDK版本中,Sun同样进行了大量的功能上的改进,诸如类库上增加了新的Timer API,接口方面增加了DNS的支持,用新的Hotspot虚拟机代替了传统的虚拟机等。2004年10月,Sun发布了JDK 1.5版本,并将其更名为J2SE 5.0,由侧重性能转向易用,预示着J2SE 5.0较以前的J2SE版本有了很大的改进。不仅增加了诸如泛型、增强的for语句、可变数目参数、注释(Annotations)、自动拆箱(Unboxing)和装箱等功能,同时也更新了企业级规范,针对JSP的前端界面设计推出了JSF。J2SE 6.0在性能、易用性方面得到了前所未有的提高,同时还提供了如脚本、对全新API的支持。

目前,全球Java开发人员数量已经超过450万人,随着Java代码的开源,并在众多开发人员的共同参与之下,Java的功能将变得更加强大,Java的应用范围将变得更广。

1.1.6 Java语言的工作原理及其特点

Java源程序是用Java语言写成的一个文本文件,可以用任何文本编辑器创建与编辑,在源程序中需要创建Java类,类中封装了各种数据和方法,外界通过接口完成对类中的数据和方法的访问,编辑完成后用.java作为扩展名将其保存。接下来进行编译,需要使用Java编译器Javac,读取Java源程序并翻译成Java虚拟机能够明白的指令集合,且以字节码的形式保存在文件中,通常字节码文件以.class作为扩展名,这种文件不包含硬件信息,需要执行时只要经过安装有Java虚拟机(JVM)的机器进行解释。JVM把Java字节码程序和具体的硬件平台以及操作系统环境分隔开来,只要在不同计算机上安装针对具体平台的JVM,这样就有效地保证了Java的可移植性和安全性,具体工作原理如图1-11所示。

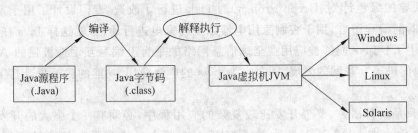

图1-11 Java语言的工作原理图

SUN公司的《Java白皮书》对Java的定义是:"Java is a simple, object-oriented, distributed, interpreted, robust, secure, architecture neutral, portable, high-performance, multithreaded, and dynamic language."翻译成中文就是:Java是简单的、面向对象的、分布式的、解释的、健壮的、安全的、结构中立的、轻便的、高性能的、多线程的动态语言。

1. Java 是简单、健壮的语言

Java 语言虽然在语法上接近于 C 语言和 C++ 语言，但 Java 更加严谨、简洁，它丢弃了 C++ 中很少使用的、很难理解的、令人迷惑的一些特性，诸如取消了指针、结构体、操作符重载、多继承、自动的强制类型转换等，降低了编程的复杂性，避免了赋值语句与逻辑运算语句的混淆；特别地，Java 语言提供了自动的内存管理功能，简化了 Java 程序的工作，程序员不必编制专用的代码进行内存管理。

此外，Java 提供的丰富的类库，有利于软件开发的高效和标准化。Java 与 C/C++ 之间最大的区别在于 Java 拥有一种模型，能排除内存被覆盖和毁损数据的可能性。Java 不采用指针计算法，而是提供真正的数组阵列，这允许程序执行下标检查，但它不允许将一个整数转成指针的情形发生。Java 的强类型机制、异常处理、废料的自动收集等是 Java 程序健壮性的重要保证。

2. Java 是面向对象的语言

什么是对象？对象是用于存储数据的变量和对数据实施操作的方法的集合。任何一个对象都有自己独立的内存空间，而且每一个对象都属于某个特定的类型，程序中所用到的对象都是由类型创建而来的。

Java 语言是一种面向对象的语言，它提供了类、接口和继承等原语，通过类创建需要的对象，通过接口与外界进行交互，通过继承机制，子类可以使用父类所提供的方法，实现了代码的复用。Java 语言的设计主要集中于对象及其接口，对象中封装了与所处理问题相关的状态变量以及相应的方法，实现了功能的模块化和关键信息的隐藏。

对象是现实世界模型的自然延伸，现实世界中任何实体都可以看做对象。对象之间通过消息相互作用。另外，现实世界中任何实体都可归属于某类事物，任何对象都是某类事物的实例。如果说传统的过程式编程语言是以过程为中心、以算法为驱动的话，那么面向对象的编程语言则是以对象为中心，以消息为驱动。用公式表示，过程式编程语言为：

程序 ＝ 算法 ＋ 数据

面向对象编程语言为：

程序 ＝ 对象 ＋ 消息

所有面向对象编程语言都支持 3 个概念：封装、多态性和继承，Java 也不例外。现实世界中的对象均有属性和行为，映射到计算机程序上，属性则表示对象的数据，行为表示对象的方法（其作用是处理数据或同外界交互）。

所谓封装，就是用一个自主式框架把对象的数据和方法连在一起形成一个整体。可以说，对象是支持封装的手段，是封装的基本单位。Java 语言的封装性较强，因为 Java 无全程变量，无主方法，在 Java 中绝大部分成员是对象，只有简单的数字类型、字符类型和布尔类型除外。

多态性就是发送消息给某个对象时，让该对象自行决定响应何种行为，通过将子类对象引用赋值给超类对象引用变量来实现动态方法调用。当超类对象引用变量引用子类对象时，被引用对象的类型而不是引用变量的类型决定了调用谁的成员方法，被调用的方法必须在超类中定义过，在子类中该方法被覆盖。运行时多态性是面向对象程序设计代码重用一个最强大的机制,动态性的概念也可以被说成"一个接口,多个方法"。Java 实现运行时多态性的基础是动态方法调度,它是一种在运行时而不是在编译时调用重载方法的机制。

Java 中所有的类都是通过直接或间接地继承 java.lang.Object 类得到的。继承得到的类称为子类,被继承的类称为父类。子类不能继承父类中访问权限为 private 的成员变量和方法,但子类可以重写父类的方法及命名与父类同名的成员变量。

3. Java 是安全、分布式的语言

Java 创建的初衷是设计面向网络的语言,在 Java 应用编程接口中有一个网络应用编程接口——javanet,它提供了用于网络应用编程的类库,可以处理 TCP/IP 协议,Java 应用程序可以像存取本地文件系统一样,通过 URL 地址很方便地开启和存取网络上的其他对象。

Java 不支持指针,一切对内存的访问都必须通过对象的实例变量来实现,不允许访问私有成员,避免了程序员使用木马等欺骗手段访问对象的私有成员,同时也避免了指针操作中容易产生的错误。Java 能够用于网络分布式运算环境,其验证技术是以公钥加密法为基础,以确保建立无病毒且不会被侵入的系统。除了 Java 语言具有的许多安全特性以外,Java 对通过网络下载的类具有一个安全防范机制,如分配不同的名字空间以防替代本地的同名类、字节代码检查,并提供安全管理机制让 Java 应用设置安全哨兵。

4. Java 是体系结构中立的语言

Java 解释器生成与体系结构无关的字节码指令,这些字节码指令对应于 Java 虚拟机中的指令表示,Java 解释器将字节码转换,使之能够在不同的平台上运行。对于不同平台的网络系统而言,由于 CPU 和操作系统结构的不同,指令系统也不同,Java 设计为支持不同网络的应用程序,其编译器生成的具备结构中立性的目标文件格式,可以在提供 Java 运行系统的多种不同处理器上解释执行。Java 的这种中立性结构不仅对网络应用很有帮助,而且也很适合单一的系统软件流通。

5. Java 是可移植、高性能的语言

"Write once, Run anywhere"意思是"一次编写,到处运行",这正是 Java 语言跨平台的重要特性。Java 源代码被编译成一种结构中立的中间指令码,不管机器是哪种型号,操作系统是哪种类型,只要这台机器预先安装有 Java 运行系统,这些代码就可以在该机器上直接执行。Java 运行系统又称为 Java 虚拟机(JVM),不同的操作系统需要安装对应的 JVM 版本,Java 的跨平台特性就是通过 JVM 来实现的。另外,Java 的类库中也实现了与不同平台的接口,使这些类库可以很方便地移植。

Java 源程序编译后生成的字节码,在格式设计上就已经考虑了机器码的产生,它可以被动态地解释为可执行的特定 CPU 的机器码,机器码生成程序相当简单,其生成的机器码是有效的。此外,编译器自动分配寄存器,而且在生成字节代码期间也会进行一些优化,和其他解释执行的语言如 BASIC 相比,可以得到较高的性能。

6. Java 是多线程的语言

多线程机制允许在程序中并发执行多个指令流,而每个指令流都称为一个线程,彼此之间是互相独立的。对于临界资源来说,多个线程之间需要互斥访问,多线程并发系统对临界资源的管理和分配使得多线程程序具有更好的交互性和实时性。此外,Java 中提供了专门的类,可方便地用于多线程编程,如 Java 提供 Thread 线程类,实现了多线程的并发机制。

多线程机制使应用程序能够并行执行,而且同步机制保证了对共享数据的正确操作。通过使用多线程,程序设计者可以用不同的线程完成特定的行为,而不需要采用全局的事件循环机制,这样就很容易地实现网络上的实时交互行为。

1.2 Java 应用程序开发

1.2.1 目标

通过剖析简单的 Java 程序,认识 Java 程序的书写格式,了解 Java 程序的结构特点以及 Java 的虚拟机机制,能区别 Java Application 程序与 Java Applet 程序的异同。

1.2.2 情境导入

Java 作为网络程序开发的首选语言,是与其自身的特点分不开的。Java 可以开发两种程序,一种是 Java Application 程序,它是从命令行执行的程序,1.1 节的案例程序就属于这样的程序,可以看出它的运行环境是简单的,通过 Javac 实现程序的编译,利用 Java 运行编译后的 class 文件就可以得到运行结果,不过需要注意程序的基本构成。另一种是 Java Applet 程序,它是嵌入 HTML 文档中的程序,主要应用于网络环境,由于目前网络速度的制约,Java Applet 程序的规模比较小,这种程序的信息处理与 Web 浏览器密切相关,它需要知道浏览器何时启动、何时关闭等信息。Java Application 程序是可以独立运行的 Java 程序,由 Java 解释器控制执行。而 Java Applet 不能独立运行,它被嵌入 Web 页面中,是由 Java 兼容浏览器控制执行的。

下面以两数求和为例,分析一下两种程序的异同。

1.2.3 案例分析

两数求和是一个很简单的问题,但在程序中实现的方式不是单一的,有多种方式来解决这个问题。假如只是求解两个指定数的和,如 3+5,可以直接计算即可求得结果。如果想像数学一样,使用变量表达式的形式来求解,可采用 x+y 的形式,但此时必须给定 x 与 y 的值。那么如何给定它们的值呢?一种方式是在程序运行前直接给定,另一种方式是在程序运行过程中由程序随机产生,还可以由使用者从键盘输入。很显然后面的处理方式灵活性好,不需要修改程序,可以计算任意两个数的和。

另外需要考虑程序执行界面是否需要设计。1.1 节用到的例子直接在字符界面 DOS 环境下执行,没有任何界面设计,友好性和交互性不是很好。如果使用图形界面,用图形组件来表现数据信息,交互性、友好性就会增强,但程序的复杂程度就会增加。如果涉及 Java 的相关类库信息,必须通过合理的机制来使用。

1.2.4 案例实施

依据上面的分析,分别给出两数求和的不同模式的程序代码。

1. 采用 Application 程序的字符模式输出两数的和

```java
//案例 1.1: 两数求和
//Sum1.java
package ch01.project;
import java.io.*;
public class Sum1{
    public static void main(String [] args){
        int a=7,b=8;                                //定义变量
        long c=0,d=0;
        BufferedReader buf;                         //定义对象
        System.out.println("3+5="+(3+5));           //信息输出
        System.out.println(a+"+"+b+"="+(a+b));
        a=(int)(Math.random() * 10);                //给变量赋 0~10 的随机整数值
        b=(int)(Math.random() * 20);
        System.out.println(a+"+"+b+"="+(a+b));
        buf=new BufferedReader(new InputStreamReader(System.in));
        try{                                        //监视
            System.out.print("请输入整数 a=");
            c=Long.parseLong(buf.readLine());       //获取键盘输入的值,并转换为长整数
        }catch(Exception e){                        //捕获并处理异常
            System.out.println("请输入数字,否则将其看做 0");
        }
        try{
            System.out.print("请输入整数 b=");
            d=Long.parseLong(buf.readLine());
        }catch(Exception e){
            System.out.println("请输入数字,否则将其看做 0");
        }
        System.out.println(c+"+"+d+"="+(c+d));
    }
}
```

程序的运行结果如图 1-12 所示,其中"7+8=15"是语句"System.out.println(a+"+"+b+"="+(a+b));"的执行结果,此时 a 的值是程序中给定的 7,b 的值是 8;"2+17=19"是由随机产生的两数 2 和 17 的执行结果。"12+23=35"是程序运行时,由键盘输入两数 12 和 23 后的执行结果。

这里简单说明一下程序的基本成分,详细的知识点将在后续章节逐步学习。该程序只定义了一个主类 Sum1,在主类中定义了一个主方法

图 1-12 字符界面的两数求和结果示意图

main()。对于应用程序，main()方法的定义格式按照上面程序中的格式来定义，它作为程序的入口程序来执行。main()方法中定义了相关的变量，如变量 a、b 等，并使用了异常处理核心 try 和 catch。

";"是 Java 程序的语句标记，在每一条完整语句尾部必须加";"，它是 Java 的简单语句，如果只有一个";"则称为空语句。由于 Java 程序区分大小写和中英文符号，所以程序中用到的符号，如";"、","、""""等一定要使用英文半角符号，而不能使用中文全角符号。

语句"int a＝7,b＝8;"是变量声明语句，说明程序中用到的两个变量 a、b 都是整数类型，而且它们都赋予了初始值 7 和 8。如果完成某个功能需要多条语句，此时可使用复合语句标识"{ }"，其中"{"表示开始，"}"表示结束，它们成对出现，如程序中实现监视功能的多条语句被置于花括号中形成语句块。Java 程序中的类体、方法体的内容也使用"{ }"。如本程序的类 Sum1 和主方法 main()都由"{"开始，"}"结束。

程序中 import 语句的作用是引入 Java 类库中的类，在 Java 类库中存储了许多已经编写好的类，这些类又按照不同的功能分为许多包，程序中引入的是 IO 类实现系统输入和输出。其中类 BufferedReader 是创建一个使用默认大小输入缓冲区的缓冲字符输入流，它的 readLine()方法读取一个文本行。InputStreamReader 是字节流通向字符流的桥梁，它使用指定的 charset 读取字节并将其解码为字符。

由于程序中需要获取参加计算的数值，所以需要将键盘输入的数字字符转换为数，如果输入的是其他字符，则转换操作就会出现错误，此时系统会抛出异常。为了解决该问题，采用异常处理机制，使用 try 和 catch 来监视可能出现的异常，并对异常进行处理。

语句"System.out.print("请输入整数 b＝");"执行后在屏幕上显示字符串"请输入整数 b＝"，它使用了 Java.lang 中的 System 类，其静态成员变量 out 是一个标准输出流。程序中使用 println()方法将作为参数的字符串输出到屏幕并换行，由于系统包 Java.lang 是 Java 的最基本的类库，由系统自动导入，所以不需要使用 import 语句。

程序中用到的随机数是由 random()方法产生的，该方法属于系统包 Java.lang 中 Math 类，它只产生大于等于 0.0，小于 1.0 范围内的小数。如果产生指定范围的数值，需要在此基础上进行放大。由于需要的数值是整数，程序中用到强制类型转换，如(int) 4.6 的结果是 4，只取实数的整数部分。另外一种类型转换是使用方法来实现，如程序中需要将字符转换为长整型数据，使用 parseLong()方法，该方法属于系统包 Java.lang 中的 Long 类。

2. 采用 Application 程序的图形模式输出两数的和

```
//案例 1.1：两数求和
//Sum2.java
package ch01.project;
import java.awt.*;
import java.awt.event.*;
public class Sum2 extends Frame implements ActionListener{
    Frame frame;
    Panel p1,p2;                                //定义面板
    Label prompt;
```

```java
        Label prompt1;
        TextField sumtxt1,sumtxt2;
        Button sumbtn;
        long a=0,b=0;
        public Sum2(){                                  //定义类 Sum2 的构造方法
            frame=new Frame();                          //初始化成员变量
            p1=new Panel();
            p2=new Panel();
            prompt=new Label("请输入两个整数");
            prompt1=new Label("执行结果:");
            sumtxt1=new TextField(6);
            sumtxt2=new TextField(6);
            sumbtn=new Button("求和");
            frame.setSize(360,100);
            frame.setTitle("两数求和");
            frame.setLayout(new GridLayout(2,1));       //设置窗体布局方式
            p1.add(prompt);                             //设置面板包含的组件
            p1.add(sumtxt1);
            p1.add(sumtxt2);
            p1.add(sumbtn);
            p2.add(prompt1);
            frame.add(p1);                              //设置窗体的构成
            frame.add(p2);
            sumbtn.addActionListener(this);             //设定按钮的事件监听行为
            frame.setVisible(true);                     //设置窗体可见
            frame.addWindowListener(new WindowAdapter(){ //设置窗口关闭事件处理
                public void windowClosing(WindowEvent e){
                    System.exit(0); }
            });
        }
        public void actionPerformed(ActionEvent e){     //按钮操作事件发生时的处理行为
            a=Long.parseLong(sumtxt1.getText());        //获取文本框的值并作类型转换
            b=Long.parseLong(sumtxt2.getText());
            String Msg="执行结果: "+a+"+"+b+"="+(a+b);
            prompt1.setText(Msg);
        }
        public static void main(String [] args){        //主方法
            Sum2 sumf=new Sum2();                       //创建类对象
        }
    }
```

程序运行的结果如图 1-13 所示。两个文本框接收键盘输入,单击"求和"按钮后,将获取的文本框值计算后由标签显示出来。

新定义的类 Sum2 是 Frame 类的子类,使用关键字 extends 说明继承关系,而 implements 用于实现一个接口,由于在 Java 中,extends 只用于单一继承,使用 implements 是为了实现多继承的功能。

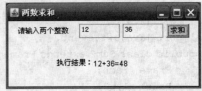

图1-13　图形界面的两数求和结果示意图

语句"import java.awt.*;"引入创建用户界面和绘制图形图像的所有类,"import java.awt.event*;"则引入了 AWT 组件的各类事件的接口和类,程序中使用了文本框、按钮、标签等组件对象,在类的说明部分分别给出了定义,它们都是类的成员对象,如语句"Label prompt;"定义了标签。

程序中定义了 3 个方法,分别是 Sum2()、actionPerformed()和 main(),Sum2()方法与类 Sum2 同名,它是类 Sum2 的构造方法,细节知识将在第 4 章学习。在 Sum2()构造方法中分别将定义的组件对象实例化,并分别添加到面板,然后将面板添加到窗体上。如语句"prompt=new Label("请输入两个整数");"说明标签 prompt 的内容。语句"p1.add(prompt);"将标签添加到 p1 面板,"frame.add(p1);"将面板 p1 添加到窗体。

程序中分别又设定了窗体的大小、布局格式、可见性,并为窗体增加了"关闭窗体"的事件处理。由于语句"sumbtn.addActionListener(this);"将一个 ActionListener 添加到按钮中,所以在 actionPerformed()方法中主要针对按钮的操作作出处理。文本框接收键盘输入,将文本框中的文本信息(属于字符型)转换为长整型,计算结果由标签来显示。

主方法 main()将类 Sum2 对象化,此时将调用类的构造方法,从而创建窗体。按钮事件处理时,将调用 actionPerformed()方法来完成程序功能。

3. 采用 Applet 程序输出两数的和

```java
//案例 1.1: 两数求和
//SumOfData.java
package ch01.project;
import java.awt.*;
import java.applet.*;
import java.awt.event.*;
public class SumOfData extends Applet implements MouseListener
{
    int a=0,b=0;                                         //成员变量定义
    Label prompt=new Label("输入两个整数");               //成员对象定义
    TextField t1=new TextField(6);
    TextField t2=new TextField(6);
    Button btn=new Button("计算");
    public void init(){                                   //初始化处理
        btn.addMouseListener(this);
        add(prompt);                                      //将组件对象添加到窗口
        add(t1);
        add(t2);
        add(btn);
    }
    public void paint(Graphics g){                        //窗口输出显示
        g.drawString("计算结果: "+a+" "+b+" = "+ (a+b),60,80);
    }
    public void mouseClicked(MouseEvent e){               //鼠标单击事件处理
        a=Integer.parseInt(t1.getText());
        b=Integer.parseInt(t2.getText());
        repaint();
```

```
        }
        public void mouseExited(MouseEvent e){}
        public void mouseEntered(MouseEvent e){}
        public void mousePressed(MouseEvent e){}
        public void mouseReleased(MouseEvent e){}
}
//sum.htm
<HTML>
<HEAD>
</HEAD>
<BODY BGCOLOR="000000">
<CENTER>
<APPLET code="SumOfData.class" width="320" height="140">  //页面嵌入 Applet 小程序
</APPLET>
</CENTER>
</BODY>
</HTML>
```

在 DOS 命令行输入命令：appletviewer sum.htm，出现小程序运行窗口，在文本框中输入数值，单击"计算"按钮后，运行结果由标签显示，如图 1-14 所示。

Java 的 Applet 程序不是一种独立程序，需要将其嵌入 HTML 文件中，通过浏览器来激活 Java 解释器，然后在浏览器窗口观看运行结果。Java 的 Applet 程序中没有 main()方法，编译后的 class 文件需要使用<APPLET></APPLET>标记来调用。

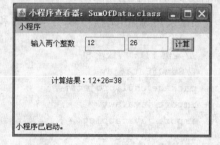

图 1-14 Applet 程序的两数求和结果示意图

在上面的类文件中，SumOfData 类是 Applet 的子类，MouseListener 是用于接收感兴趣的鼠标事件（按下、释放、单击、进入或离开）的侦听器接口。当发生鼠标事件时，将调用该侦听器对象中的相应方法，并将 MouseEvent 传递给该方法，这些方法需要重写，详细内容将在第 6 章学习。

init()方法是在第一次加载 Applet 时，用于初始化相关内容。本例初始化了窗体，用语句"btn.addMouseListener(this);"将从该类所创建的侦听器对象向该组件加以注册。当单击该按钮时将调用 mouseClicked()方法。paint()方法用于窗口输出显示，调用 drawString()方法在指定位置显示字符串。repaint()方法是先用背景填充来刷新屏幕，再调用 paint()方法重画窗口的内容。

1.2.5 JVM 机制

JVM 是英文单词 Java Virtual Machine 的缩写，即 Java 虚拟机，它是一种真实计算机系统的抽象机，有自己的指令集及文件系统，能管理自身内部的表和数据，主要负责读取编译后的 class 文件里面的字节码，并将其转换为不同操作系统的 CPU 指令，从而在不同的操作系统上实现Java程序的运行,这也正是Java可移植性的重要原因,只要在不同的操作系统上安装相应的Java虚拟机,便可实现Java程序的编译、运行。

Java虚拟机一般由5个部分组成:一组指令集、一组寄存器、一个栈、一个垃圾回收堆和一个存储方法域。其中指令集用于指定要执行的各种操作,每条指令包含操作符和0个或多个操作数。寄存器主要用于存放机器的运行状态。栈用于保存各种变量的值、操作数以及环境状态值。垃圾回收堆是运行时数据区,数据使用完毕由系统采用某种算法自动进行垃圾收集。存储方法域用于存储类名称、方法、字段名称以及Java方法的字节码等。

1.2.6　Java Application 程序与 Java Applet 程序

Java语言是一种半编译半解释的语言,首先使用Java编译器将Java程序编译为字节码文件,然后解释执行该字节码文件,针对不同的系统,编译后的字节码文件是不同的。

Java Application 程序是一种独立完整的程序,属于控制台应用程序,这种程序由一个或多个文件组成,每个文件又由一个或多个类组成,而每个类是由多个变量和方法构成的,但仅有一个main()主方法,它是程序的入口,含有该方法的文件是主文件,因此Java程序也只有一个主文件。该种文件的特点是程序名必须与主类名一致,程序中的所有方法都属于某个类,而且代码程序是区分大小写字母的。Java Application 程序的设计步骤分为编辑、编译和执行三步。

Java Applet 程序是基于浏览器运行的程序,也称小程序,属于不完整的程序,运行时需要将其写入 HTML 文件,有关该程序的应用等内容将在第6章学习,这两种程序的差异主要体现在以下几个方面。

1. 运行方式不同

Java Application 是完整的可独立运行的程序;Java Applet 程序不能单独运行,它必须嵌入 Web 页面中,由 Java 兼容的浏览器来控制执行。

2. 运行工具不同

编译后的 Java Application 程序使用普通的 Java 解释器边解释边执行,而 Java Applet 必须通过网络浏览器或者 Applet 观察器才能执行。

3. 程序结构不同

每个 Java Application 程序必定含有一个并且只有一个 main()方法的主类。而 Applet 程序则没有含 main()方法的主类,这也正是 Applet 程序不能独立运行的原因。但 Applet 有一个由 Java 系统提供的 java.applet.Applet 派生的类。

4. 受到的限制不同

Java Application 程序可以设计读/写文件等各种操作的程序,但 Java Applet 对站点的磁盘文件不能进行读写操作。然而,Applet 使 Web 页面具有动态多媒体效果和可交互性能,使得 Web 页面真正具有超文本功能,不但可以显示文本信息,而且还可以有各种图片效果和动态图形效果以及按钮交互等功能。

1.3 小结

Java语言是非常有活力的语言,是由SUN公司开发的纯面向对象程序设计语言,与Internet同步发展并被广泛应用。Java具有丰富的语言特性:灵活、简单、高效、可移植、多线程等,使其成为网络编程的首选语言。本章主要介绍了Java的运行环境、简单的Java程序设计。通过本章的学习,读者需要了解Java的虚拟机机制及其语言特点,熟悉Java开发工具包的安装与配置,掌握Java的工作原理。

Java程序的设计需要经过3个阶段:首先是源代码的编辑;其次是源代码的编译形成字节码文件;最后由JVM负责解释执行编译后的字节码并得到结果。这里用到的JVM是Java跨平台特性的重要基础,编译生成的字节码是与计算机硬件平台无关的,只要在相应的计算机系统中安装对应的JVM,便可执行这样的字节码文件,显然JVM不具有跨平台特性。

Java语言可以设计两种不同风格的程序,即Java Application程序与Java Applet程序,前者是独立完整的程序,可以设计各种控制型应用程序;后者是不完整的小程序,可以嵌入Web网页中,使页面的表现、交互性更加灵活多样。

习题

一、判断题

1. Java程序中的字符不区分大小写。   (   )
2. Java Application程序没有main()方法。   (   )
3. 编译后的Java程序代码不能直接执行。   (   )
4. 逗号可以作为Java程序的语句标识。   (   )
5. Java语言具有非常良好的跨平台性。   (   )
6. JVM是Java虚拟机的英文缩写,即Java Virtual Machine。   (   )
7. Java语言在语法上与C++完全不同。   (   )
8. Java语言中也有指针操作功能。   (   )
9. 用Java语言开发的小程序可以嵌入手机中使用。   (   )
10. 编译后的Java Applet程序文件需要使用＜APPLET＞＜/APPLET＞标记来调用。   (   )

二、问答题

1. Java有哪些版本?
2. Java有哪些特点?
3. Java的工作原理是什么?
4. Java语言的前身是什么?
5. Java语言可以开发哪些程序?
6. Java程序主要由什么构成?

7. Java 应用程序的设计需要经过哪几个过程？
8. Java Application 程序与 Java Applet 程序有何区别？
9. Java 源程序的扩展名是什么？编译后的字节码文件的扩展名是什么？
10. 编译 Java 源程序使用哪个命令？运行 Java 程序使用哪个命令？
11. Java Application 程序有几种实现模式？

第 2 章 Java 语言基础

Java 语言主要由类和对象组成,其基本要素有标识符、关键字、运算符、常量、变量等,每一个 Java 语句都由这些要素构成,每一个要素都具有不同的语法意义和语法规则。在使用这种语言进行程序设计时,需要掌握相关的语法概念及语句的编写规则,只有使用了正确的语法结构和合理的处理逻辑,才能设计出完善的程序,从而解决实际问题。本章主要讲解 Java 语言的基本数据类型、基本语法结构、常量、变量,以及简单语句、流程控制语句的语法格式及应用。

2.1 基本数据

2.1.1 目标

通过求解典型的程序实例,了解 Java 程序的基本语法组成及程序语句的基本功能;掌握 Java 语言的基本数据类型,了解不同类型数据的存储空间分配及其取值范围;掌握 Java 语言的常量、变量的定义及其应用;掌握 Java 语言的运算符与表达式,了解不同类型数据运算时的处理逻辑及类型的转换规则,能够利用所学知识设计简单的程序,从而为设计规范、可读性高、性能优越的程序打下扎实的基础。

2.1.2 情境导入

计算机语言是针对计算机而设计的,不同的计算机语言虽然在语法结构、功能等方面侧重点有所不同,但都是使用一系列的语句指令,根据逻辑需求编制而成的功能强大的软件系统,从而解决人们实际生活中的某个或某类特定的问题。低级的计算机语言是机器语言,是面向计算机硬件的由 0 和 1 组成的,使用起来比较困难、编程效率低。而计算机高级语言是脱离计算机硬件的程序设计语言,其语句集成度比较高,语法设计通俗易懂,应用性比较强。

从某种角度来说,程序设计语言与人类自然语言是一致的,由于设计人员要使用它来编制程序系统,所以在计算机语言开发设计方面就带有自然语言的一些特点,目的是使其简单易用。比如英语,首先它拥有 26 个字母,然后由这些字母组成单词,再由单词组成句子,多个句子形成段落,多个段落组成文章。在成句成段的过程中还要遵循英语的语法规则。再来看程序设计语言,它的基本组成除了字母以外还有数字和下画线,由这些字符组成标识符,再由标识符组成语句,语句形成程序段,程序段组成一个完整的程序,同样在形成程序的过程中也要遵循程序设计语言的语法规则。Java也不例外,它也有特定的字符集、语句指令集及语法构成规则。

下面先来解决这样一个简单问题:在某次射箭选拔赛中,想了解参赛选手临场发挥的稳定性,评测指标是按照选手的多轮射中目标靶的环数总分及平均中靶环数来评定。本案例求解某选手在本次比赛中的中靶总环数和平均中靶环数。

2.1.3 案例分析

射箭比赛是一个多次射击的活动,每次射击的成绩是根据距离靶心的距离给出的,最高成绩是射中靶心,环数是 10 环。最低成绩是脱靶,环数是 0 环。所以选手的每次射击成绩是 0 环到 10 环之间某个特定的数,射箭的总成绩就是多次射击成绩的总和,平均中靶环数就是总环数除以射击次数的结果,所有这些数据就是解决该问题时要处理的数据对象。

计算机处理这些数据时,需要分配适当的存储空间来存储程序中用到的这些数据对象。而数据类型指明所需存储空间的大小,所以在数据使用前,在程序中指定数据的数据类型将有利于数据的处理。将每次射击成绩设计为整数类型的数值,总成绩也应是一个整数类型的数值,平均中靶成绩则是一个实数类型的数值。这些数据可以直接设计为常量,也可以用不同的变量来存储,变量使用时必须定义为对应的数据类型,否则会发生数据类型不匹配的错误。这些数据需要经过一定的运算处理,自然会用到 Java 语言的运算符、表达式等基本要素,计算结果显示输出时将涉及数据流的输出,会使用 Java 系统提供的 IO 类库中的 print()方法或者 println()方法。print()方法输出时不换行,但可以使用特殊转义字符\n 来实现换行的功能。

2.1.4 案例实施

假设射箭比赛需要进行 5 个轮次,所以每个选手有 5 个成绩,分别使用变量 score1、score2、score3、score4、score5 来存放,变量类型都定义为 int 型(整型)。总成绩使用变量 sum 来存放,变量类型定义为 int 型,其初始值应为 0。平均射击成绩使用变量 average 来存放,变量类型定义为 float 型(单精度浮点型)。计算成绩时用到的运算符是"+"和"/"。程序代码如下:

```
//案例 2.1:射箭运动员的总成绩及平均中靶数
//ScoreTest.java
package ch02.project;
public class ScoreTest{                                    //申明类
    public static void main(String[] args){
        int score1,score2,score3,score4,score5;            //变量定义
        int sum;
        float average;
        int number;
        sum=0;                                             //赋初值
```

```
            score1=8;
            score2=7;
            score3=9;
            score4=10;
            score5=9;
            sum=score1+score2+score3+score4+score5;        //计算总环数
            average=(float) (sum/5.0);                      //求解平均环数
            System.out.println("sum="+sum);                 //输出总环数
            System.out.print("\n");                         //使用\n实现换行功能
            System.out.println("average="+average);         //输出平均环数
        }
    }
```

程序的运行结果如下：

```
sum=43
average=8.6
```

语句"average=(float)(sum/5.0);"中的"(float)"实现强制类型转换,能否改为"average=sum/5;"或"average=sum/5.0;"呢？回答是不能。在这里需要注意各个数据的类型,因为类型不同,计算的结果也是不一样的。如果采用语句"average=sum/5;",则程序执行后 average 的值是 8；如果采用语句"average=sum/5.0;",程序在编译时就会报错,出错消息如图 2-1 所示。

问题的原因在于 sum 是整型,5 也是整数,sum/5 的计算结果是整数 8,而不是 8.6。对于"/"来说,如果参加运算的两个操作数类型一致,计算后的结果也是该种类型；如果参加运算的数据类型不一致,计算结果的类型要向级别高的数据类型看齐(级别高的数据类型表示的数值范围也大)；另外如果参加除法运算的操作数都是整数,计算结果只取整数部分,而不对小数部分进行四舍五入。比如：2.64/1.2 的计算结果是 2.2；5/2 的结果是 2；5.0/2 的结果是 2.5。

图 2-1　编译出错消息

语句"average=(float)(sum/5.0);"中的 5.0 属于数值常量,默认类型为双精度浮点型,所以 sum/5.0 的结果是双精度浮点型,而 average 是单精度浮点型,类型不匹配导致编译出错。程序中"(float)"的使用目的是强制将 double 类型转换为 float 类型,使得 sum/5.0 运算结果的类型与 average 的类型相匹配。如果将 average 的类型定义为 double 型(双精度浮点型),则语句"average=sum/5.0;"正确,average 的结果是 8.6。

2.1.5　数据类型

1. 基本语法单位

(1) 符号

符号(Symbol)是构成 Java 语言程序的基本单位,基本的符号有字母、数字、运算符及其他符号,如:A~Z、a~z、0~9、+、-、>=、&&、>>、=、{、}等,Java语言的字符集是采用更为国际化的 Unicode 字符集,每个字符采用 16 位的表示形式,对 ASCII 码具有兼容性。根据词法构成方式,Java 语言的符号分为关键字、标识符、运算符和分隔符。

标识符(Identifier)是由程序设计人员自定义的符号,是唯一标识计算机中运行的或使用的任何唯一的名称,主要用来命名程序中用到的符号常量、变量、类、对象、方法、接口等。标识符区分大小写,对符号长度未做限定,但命名时必须符合以下原则。

① 由字母、数字、下画线组成的字符序列。
② 首字符不可以是数字,可以是字母、下画线或者 $ 符号。
③ 不可以是 Java 的保留字。
④ 通常要见名知意,使用英文单词或多词简写组合来命名。

以下是正确的标识符:
value count x1 add_friend $a b file name
以下是错误的标识符:
1x add-friend abstract class stu.name abs>long

在为标识符命名时,为了提高程序的可读性,一般情况下类名的首字母采用大写,其他用小写,例如 Test、TestArea、DrawImage 等。final 变量的标识符通常采用大写的形式,例如:

```
final float PI=3.14159
```

关键字(Keyword)是 Java 语言已定义的、专门用来表示特殊意义及用途的标识符,它不能作为用户自定义的标识符来使用,表 2-1 是 Java 语言中规定的关键字。

表 2-1 Java 语言的关键字

abstract	boolean	break	byte	byvalue	case
catch	char	class	const	continue	default
do	double	else	extends	false	final
finally	float	for	future	generic	goto
if	implements	import	instanceof	int	interface
inner	length	long	native	new	null
operator	outer	package	private	protected	public
rest	return	short	static	super	switch
synchronized	this	threadsafe	throw	throws	transient
true	try	var	volatile	void	while

运算符(Operands)是程序中实现各种运算时用到的符号,在 Java 语言中主要用到的运算符有以下几种。

算术运算符:+、-、*、/、%。
关系运算符:>、>=、<、<=、!=、==。
逻辑运算符:!、&&、||。
位运算符:~、&、|、^、<<、>>、>>>。

赋值运算符：=。

分隔符(Separator)用于间隔任意两个标识符、数字、保留字或两条语句,以便编译程序识别。常用的分隔符有分号、逗号、冒号、花括号、空白符等。不同的分隔符有着不同的作用,比如：";"号是语句的标志,用来标识一条语句的结束,是 Java 程序不可缺少的部分。","号用于分隔同类型的多个不同变量或参数列表中多个参数。":"号用于说明语句标号或者 switch 情况语句中的 case 说明。"{"号与"}"号是成对出现的,分别表示开始与结束,用于复合语句、循环主体以及定义方法体、类体等。空白符包括空格、制表符、换行符等,在程序中起到分隔的作用,多个空白符与一个空白符的作用相同。Java 程序中特定的位置要使用特定的分隔符。

（2）注释

注释(Comments)是用来对程序中的代码进行解释的,属于说明性的文字,注释语句不被程序执行,对程序的运行并无影响,即有无注释程序都应该执行出相同的结果,但并不意味着注释在程序中毫无用处,在程序代码较多时,注释语句可以帮助读者读懂程序的内容,也方便调试和修改。注释的语法规则如下。

行注释,使用"//"符号,表示从此符号开始至此行结尾都是注释内容。

块注释,采用"/* ... */"格式,在"/*"和"*/"之间的文字都是注释。

如果注释内容不多,可以在一行完成就选择行注释形式；如果注释内容比较多,不能在一行完成,或者为了阅读方便,不同注释内容需要写在不同行上,可选择块注释形式。

例 2-1 输出字符串 hello world!。

```
/*
程序：HelloWorld.java
姓名：张三
班级：11 级 1 班
*/
package ch02;
public class HelloWorld{
    public static void main(String args[]){
        System.out.println("hello world!");
    }
}
```

程序的运行结果如下：

hello world!

程序的开头以"/* ... */"标记的部分就是块注释语句,它的有无并不影响程序的执行,只是对整段程序起一个说明作用,通常在这部分说明程序的用途及作者的信息；在程序的每条语句后边以"//"符号标记的部分是行注释语句,是对本行代码所做的说明；第一行语句中 HelloWorld 是用户自定义标识符,它是这个类的名字；而 public、class、static、void、main、System 这些标识符都属于保留字,是表示特定意义的标识符。println()是系统提供的方法,实现输出的功能,括号内的字符串"hello world!"就是显示输出的内容,属于传递给 println()方法的参数。

2. 基本数据类型

数据是程序执行时使用和处理的对象,不同的程序使用不同的数据,不同的数据有着不同的格式和操作方式,每个数据要想被使用和处理,就必须保存在计算机的存储器中。为了灵活使用存储空间以及便于操作数据,采用数据类型的概念反映数据的两个作用,一个反映数据的范围,给定存储空间的分配范围,另一个反映对该数据实施的操作。比如数值类型的数据明显不同于字符类型的数据,数值可以进行加、减等运算,字符则可以进行连接等操作。

Java 中的数据类型分为基本数据类型和构造数据类型。基本数据类型是不可再分的,由编程语言定义好的,占用固定内存长度;构造数据类型是由基本数据类型组合而成的复杂数据类型,内存长度不固定,在内存中存入的是该数据的地址,而不是数据本身,在该地址的连续地址空间内保存的数据就是构造类型的数据集合,如数组、类和接口。总之,Java 要把实际生活中,可使用的数据对应到某种数据类型上来,以方便计算机处理这些数据。

Java 中的基本数据类型有 4 种,分别是整型、浮点型、字符型和布尔型。其中整型又分为字节型 byte、短整型 short、整型 int 和长整型 long;浮点型又分为单精度浮点型 float 和双精度浮点型 double。不同的数据类型在计算机中所占的存储空间不同,表示的数值范围也不同,见表 2-2。

表 2-2　基本数据类型

分　类	数据类型	占用空间	数　值　范　围	默认值
整型	byte	1 字节	－128～127	0
	short	2 字节	－32768～32767	0
	int	4 字节	－2147483648～2147483647	0
	long	8 字节	－9223372036854775808～9223372036854775807	0
浮点型	float	4 字节	$\pm 3.4028347 \times 10^{38} \sim \pm 1.40239846 \times 10^{-45}$	0.0f
	double	8 字节	$\pm 1.79769313486231570 \times 10^{308} \sim$ $\pm 4.94065645841246544 \times 10^{-324}$	0.0d
字符型	char	2 字节	0～65535	0
布尔型	boolean	1 比特	true 或 false	false

(1) 整型

整型就是那些没有小数部分的数据类型,不同的整型数据所需的内存大小也不同,这也意味着它们所能表示的数值范围不同。例如,byte 数据类型需要 1 字节(8bit),它只能存储－128～127 的数。而 int 数据类型需要的内存是 byte 类型的 4 倍,可以存储－2147483648～2147483647 的整数值。

日常用到的整数就属于整型的数据类型,在 Java 中对整型常数有 3 种进制表示方式。

十进制数,如 46、78、－42,用到的数字字符有 10 个,分别是 0～9。

八进制数,以 0 开头,如 010 表示十进制 8,－015 表示十进制－13,用到的数字字符是 0～7，共 8 个。

十六进制数，以 0x 开头，如 0x10 表示十进制 16，－0x15 表示十进制－21。用到的字符是 0～9 共 10 个，再加上 A～F 共 6 个，总计 16 个。

在 Java 中，整数常数默认为 int 类型，所以 100 用 4 字节表示。如果要以更大的空间存储 100 就要以后缀形式表示整型常数，如 100L，表示 100 是 long 数据类型，将占用 8 字节的存储空间。

(2) 浮点型

浮点型是带有小数部分的数据类型，单精度浮点型 float 和双精度浮点型 double 的差别在于占用的内存空间不同和表示的数值范围不同。在 Java 程序中用到的浮点型常数默认为 double 型。例如，3.14 存储时占 8 字节，如果要以 4 字节存储则要以浮点型数据的后缀形式表示，如 3.14f。如果将上面程序中的语句"average＝sum/5.0;"改为"average＝sum/5.0f;"，就不会发生类型不匹配的错误，此时 sum 的值自动转换成单精度浮点型，sum/5.0f 的结果将是单精度浮点型，正好与变量 average 的类型相匹配。

浮点型常数通常有两种表示法，分别是十进制表示法和科学计数法。一般数值较小时，采用十进制表示法；数值较大时，采用科学计数法。

例如，以下数据采用的是十进制表示法：

$$-3.5 \quad 0.0f \quad 123.456f \quad +45.6f$$

要注意的是，采用十进制表示法时，小数点两侧必须有数字，如 123. 和 .45 都是错的。

例如，以下数据采用的是科学计数法：

$$6.43E+8f \qquad (=6.43 \times 10^8)$$
$$-53E-1f \qquad (=-53 \times 10^{-1})$$
$$0E0 \qquad (=0 \times 10^0)$$
$$-1.23456789E+20f \quad (=-1.23456789 \times 10^{20})$$

对于－1.23456789E＋20f 这个科学计数法表示的数中，"－"号称为数符，表示数据的符号，负数用"－"表示，正数用"＋"表示；"1.23456789"称为尾数；E 后边的"＋"号称为阶符，表示阶码的符号，有"＋"、"－"之分；"20"称为阶码；f 称为后缀，说明数值的类型。要注意的是，采用科学计数法表示浮点型常数，尾数必须有，但小数部分可无；阶码必须有，且必须是整数。因此，下面的表示是错误的：

$$E-8 \quad (缺尾数) \qquad 3.3E \quad (无阶码)$$
$$2.E3 \quad (尾数出错) \quad 2E1.2 \quad (阶码出错)$$

(3) 字符型

字符型就是单个的字符，Java 中的字符使用 16 位的 Unicode 编码表示，一般的计算机语言通常使用 ASCII 码，用 8 位表示一个字符。ASCII 码是 Unicode 码的一个子集。Unicode 代码常用十六进制数表示，\u0000～\u00ff 表示 ASCII 码集。\u 表示转义字符，表示其后 4 位十六进制位是 Unicode 代码。

程序中使用的单个字符需要用一对单引号括起来，例如'a'、'A'、'2'、' '，这里的'A'与'a'分别表示大写字母 A(ASCII 码值为 65)和小写字母 a(ASCII 码值为 97)，它们表示两个不同的字符。'2'与 2 是不同的，前者是一个字符，后者是一个整数，后者的 ASCII 码值是

50。' '表示空格,也是一个字符。

字符类型的说明符是 char,这种数据使用 16 个二进制位表示,其值范围是 0~65535。与 C 语言类似,Java 也提供转义字符,以反斜杠"\"开头,将后面的字符转变为特定的含义。转义字符见表 2-3。由多个字符构成的序列称为字符串,使用双引号将字符串括起来,若两个双引号之间没有任何字符,则为空串。例如:

```
"This is a String"
"JAVA"
"You see"
```

表 2-3 转义字符

转义字符	含 义	转义字符	含 义
\t	表示横向跳格	\b	表示退格
\n	表示换行	\'	表示单引号字符
\r	表示回车符	\ddd	表示 1~3 位八进制数所表示的字符
\f	表示走纸换页	\uxxxx	表示 1~4 位十六进制数所表示的字符
\\	表示反斜杠字符		

在 Java 中,字符串类型并不作为原始类型,通常把该种数据当做 String 类的对象来处理,后面详细介绍。

(4) 布尔型

布尔型用于表示两个逻辑状态之一的值,即 true(真)或 false(假)。在 Java 中不可将布尔类型看成整型,也不可和其他类型互相转化,常用于条件语句。

```
boolean aBooleanVar;              //说明变量 aBooleanVar 是布尔类型
boolean b=false;                  //说明变量 b 是布尔类型,并初始化为 false
```

例 2-2 使用基本数据类型。

```
//DataType.java
package ch02;
public class DataType{
    public static void main(String[] args){
        byte b=0x10;
        char c='A';
        short s=010;
        int i=50000;
        long j=0xfff;
        float f=3.14f;
        double d=3.14E-8;
        boolean bo=true;
        System.out.println("b="+b);
        System.out.println("s="+s);
        System.out.println("i="+i);
        System.out.println("j="+j);
        System.out.println("c="+c);
```

```
            System.out.println("f="+f);
            System.out.println("d="+d);
            System.out.println("bo="+bo);
    }
}
```

程序的运行结果如下：

```
b=16
s=8
i=50000
j=4095
c=A
f=3.14
d=3.14E-8
bo=true
```

这个例子中，各种数据类型的常量的值存储到该类型的变量中，然后输出这些变量的值。其中 0x10 和 0xfff 是十六进制数，010 是八进制数，而在输出时如果不做特殊说明都以十进制形式输出，所以 b 输出 16，s 输出 8，j 输出 4095，这些值都在各自类型可以表示的范围之内；字符变量 c 中存储的是大写字母 A；d 和 f 中存储的都是实数，只是 double 类型能表示的实数范围更大、精度更高一些；布尔类型变量 bo 中存储的是一个真值。

3. 数据类型转换

Java 语言是一种强类型语言，程序中用到的所有数据都必须定义为某一种数据类型，使用时将为每个数据分配不同的空间，数据类型不同，参与的运算也有不同。由于运算过程中要求参与运算的数据的数据类型要一致，一旦在一个运算式中涉及不同的数据类型，就要用到数据类型转换。如"average=(float)(sum/5.0);"语句就用到了数据类型转换的功能。Java 语言中类型转换有下列两种。

(1) 自动类型转换

自动类型转换也称隐含转换，就是数据类型低的转换成数据类型高的，该功能由系统自动完成。由于数据类型低的占用内存位数少，数据类型高的占用内存位数多，所以这种转换不会影响数据的精度。整型、浮点型、字符型数据可以进行混合运算。在运算过程中，不同类型的数据会自动转换为高级类型，然后进行运算。低级类型数据自动转换成高级类型数据的顺序如下：

$$(byte, short, int) \rightarrow long \rightarrow float \rightarrow double$$

例如：3+4.5 结果是 double 型。3 被转换为 double 类型，然后再与 4.5 相加，结果为 double 类型。

(2) 强制类型转换

高级数据类型要转换成低级数据类型，需要用强制类型转换。其一般形式如下：

```
type(<expression>)
```

或

```
(type)<expression>
```

其中,type 为类型描述符,如 int、char 等;＜expression＞为表达式。经强制类型转换运算符运算后,返回一个具有 type 类型的数值。强制类型转换操作并不改变操作数本身,只是产生一个临时所需的数值。例如:

```
int x;
double y=3.14;
x=(int)y;                    //强制转换后丢失一部分数据,使得 x 的值是 3
```

上述强制类型转换的结果是将双精度浮点型变量 y 的值 3.14 强制转换为整型数值 3 赋值给变量 x,经过类型转换后 y 的值并未改变。一般使用强制类型转换可能导致数值溢出或精度下降,应该尽量避免。

2.1.6　常量和变量

1. 常量

程序运行中其值不会改变的量称为常量,常量又分为普通常量和符号常量,前面讲到的各种类型的常数就属于普通常量,分别将其称为整型常量、浮点型常量、布尔型常量、字符常量和字符串常量。

如果程序中存在不允许修改的量,可以使用指定的标识符来表示这个量,这个标识符就称为符号常量,一般定义格式如下:

```
[private|public] final <数据类型><符号常量标识符>=<常量值>;
```

说明:

(1) 如果选择有访问控制符 private 或者 public,则此时的符号常量只能定义为类的成员,不可以在类的方法中定义,此时的符号常量称为类常量。private 说明该符号常量只能被本类的方法使用,public 说明该符号常量可以被本类及其他类的方法使用;如果定义在类的方法中,该符号常量只能被本方法使用。

(2) final 是定义符号常量的保留字。

(3) 符号常量名一般使用大写字母,与变量相区别。

(4) 符号常量标识符定义时必须指定初始值,初始值的类型应该与符号常量的类型保持一致,确保值的准确性,否则会进行类型变换,甚至会出现编译错误。

(5) 可以同时定义多个同类型的符号常量,需要使用逗号分隔符进行分隔。

例 2-3　利用圆面积公式求面积,圆周率使用 3.14,可使用符号常量表示该数据。

```
//Area.java
package ch02;
public class Area{                                  //申明类
    public static void main(String[] args){
        final double PI=3.14;                       //定义符号常量
        double r;                                   //变量定义
```

```
        double s;
        r=5.6;
        s=PI*r*r;                                    //计算面积
        System.out.println("area="+s);               //输出面积
    }
}
```

程序的运行结果如下：

area=98.4704

这里的 PI 是符号常量，只允许在定义时赋值，不允许在程序中多次赋值。程序在编译时，所有用到 PI 的地方都将用 3.14 来替换。如果想提高圆周率的精度值，只需要修改程序中定义 PI 时赋的值即可。

2. 变量

程序运行中其值可以改变的量称为变量，上例中的 r 和 s 就是变量。变量名是用标识符来表示的，要遵守前文所述的标识符命名原则。变量名在书写习惯上以小写字母开头，如果由多个单词组成则除首字母外每个单词首字母均大写。例如，anIntegerVar 可作为一个变量名。

Java 中的常量和变量不同于数学中的常量和变量，它们都是有类型的。数学中一个变量 x 可以等于一个整数，也可以等于一个小数。而 Java 中一个变量 x 要存储整数就不能存储小数，而且必须在运算之前说明 x 中要存储什么样的数据，指明其数据类型。例如程序中的 double r 就是用来说明 r 这个变量要存储一个双精度实数，double 就是在 Java 中用来表示双精度实数的数据类型，像这样的数据类型还有 int、char、float 等。变量定义的一般形式如下：

<数据类型>变量名表；

变量名表中的多个变量使用逗号进行分隔，变量定义的同时可以给变量赋初值，例如：

```
int celsius, fahr;                    //定义两个整型变量,用于存放整数
float x=8.9;                          //定义一个单精度浮点型变量,初值是 8.9
double area=3.4, length=3.2;          //定义两个双精度浮点型变量,初值分别是 3.4 与 3.2
```

例 2-4 求华氏温度 100°F 对应的摄氏温度。计算公式如下：

$$c = \frac{5}{9}(f - 32)$$

式中：c 表示摄氏温度；f 表示华氏温度。

```
//Temperature.java
package ch02;
public class Temperature{
    public static void main(String[] args){
        int celsius,fahr;
        fahr=100;
        celsius=5*(fahr-32)/9;
```

```
        System.out.println("celsius="+celsius);
    }
}
```

程序的运行结果如下：

```
celsius=37
```

程序中如果 fahr 的值发生改变，则 celsius 的计算结果也将改变，但计算 celsius 的公式中用到的 5、32、9 不会改变。上面程序中用到两个变量 fahr 和 celsius，它们都是 int 类型的变量；5、32 和 9 都是 int 类型的常量。

2.1.7 运算符和表达式

数据的数据类型除了限定数据的存储方式、取值范围之外，还定义了对该数据类型可进行的操作即运算。表示各种不同运算的符号叫做运算符，参与运算的数据称为操作数。运算符代表着特定的运算指令，运算符指明对操作数的运算方式，不同的运算符要求参与运算的操作数也不同，操作数可以是常量、变量及方法等，由操作数、运算符构成的式子就是表达式，任何表达式都有一个值，值的类型就是该表达式的类型。

1. 运算符

运算符按其要求的操作数的个数分为 3 类：单目运算符，如++、−−；双目运算符，如+、−、*、/；三目运算符，如条件运算符"？："。运算符按其功能分为 5 类：算术运算符、关系运算符、逻辑运算符、赋值运算符、条件运算符。

（1）算术运算符

算术运算符用于整型数和浮点型数的运算。按其要求的操作数的个数分为单目运算符和双目运算符两类。

单目运算符有：+（取正）、−（取负）、++（自增）、−−（自减）；双目运算符有：+（加）、−（减）、*（乘）、/（除）、%（模）。单目运算符中+、−和数学中的正负号意义相同。++称为自增运算符，−−称为自减运算符，它们的功能是使变量的值增 1 或减 1，在使用时有前缀形式和后缀形式两种用法。例如：

++n 和 n++ 都相当于 n=n+1；

−−n 和 n−− 都相当于 n=n−1。

那么前缀形式和后缀形式有没有区别呢？以自增运算为例，++n 运算的顺序是：先执行 n=n+1，再将 n 的值作为表达式 ++n 的值。n++ 运算的顺序是：先将 n 的值作为表达式 n++ 的值，再执行 n=n+1。显然对于语句 b=++n 与 a=n++ 来说，a 和 b 的值是不同的，b 的值比 a 的值大 1。

注意：自增、自减运算只能用于变量，不能用于常量或表达式。如 2++ 或 (a+b)++ 都是非法的表达式。

双目运算符要求参与运算的两个操作数的类型要一致，如果不一致则需要进行类型转换，然后再运算。%运算符用来求整数相除的余数，它要求两个操作数均为整型，结果也为整型。如果是浮点类型，则需要先转换为整型再运算。

例 2-5 算术运算。

```java
//Arithmetic.java
package ch02;
public class Arithmetic{
    public static void main(String[] args){
        int i=1,a,b;
        a=i++;
        b=++i;
        System.out.println(a+" "+b+" "+i);
        System.out.println (8/6);
        System.out.println (8% 6);
        System.out.println (8.0/6);
    }
}
```

程序的运行结果如下：

```
1 3 3
1
2
1.3333333333333333
```

在 Java 中，整数除整数得整数，所以第 2 个输出语句执行结果是 1，这一点跟数学不同；8 除 6 商 1 余 2，第 3 个输出语句执行结果是 2。8.0/6 是一个 int 型和一个 double 型的运算，需要将 int 型的数值自动转为 double 型，运算结果是 double 型，所以输出结果中有小数点。

（2）关系运算符

关系运算符有：==（等于）、!=（不等于）、<（小于）、<=（小于等于）、>（大于）、>=（大于等于）。用于比较两个操作数之间的关系，运算结果为布尔类型值 true（成立）或 false（不成立）。

例 2-6 关系运算。

```java
//Relationship.java
package ch02;
public class Relationship{
    public static void main(String[] args){
        System.out.println(8==6);
        System.out.println(8>6);
        System.out.println(8>6.0);
        System.out.println('a'>'b');
        System.out.println(3.14f==3.14d);
    }
}
```

程序的运行结果如下：

```
false
true
```

true
false
false

本例中第 1、第 2 行输出语句的两个操作数都是 int 类型,成立的输出 true,不成立的输出 false;第 3 行输出语句的两个操作数类型不一致,进行转换后再比较结果为 true;第 4 行输出语句中比较的是两个字符类型常量,实际比较的是其 ASCII 码值,因 97<98,所以结果为 false;第 5 行输出语句虽然数值都为 3.14,但后缀说明类型不同,前者为 float,后者为 double,所以两者不等价,输出 false。

注意:比较两个变量是否相等,应该用 a==b,而不是 a=b。

(3) 逻辑运算符

逻辑运算符有:!(非)、&&(与)、||(或),这些运算符要求的操作数类型都是布尔类型,运算结果也是布尔类型。"非"是单目运算符,"与"和"或"是双目运算符。其真值表见表 2-4。

表 2-4 逻辑运算真值表

a	b	a&&b	a	b	a||b	a	!a
true	true	true	true	true	true	true	false
true	false	false	true	false	true	false	true
false	true	false	false	true	true		
false	false	false	false	false	false		

例 2-7 逻辑运算。

```
//Logic.java
package ch02;
public class Logic{
    public static void main(String[] args){
        boolean a=true;
        boolean b=false;
        System.out.println(a&&b);
        System.out.println(a||b);
        System.out.println(!a);
    }
}
```

程序的运行结果如下:

false
true
false

程序的结果跟真值表中的说明一致,需要注意的是本例中的 a、b 只能是 boolean 类型,如果改成语句"int a=1,b=0;",其后的逻辑运算将报错。

(4) 赋值运算符

赋值运算符"="用于给变量赋值,要求赋值运算符右边为表达式,左边为变量,表达式计算的结果赋给变量,变量的值作为整个赋值表达式的值。如果在赋值表达式后面加上分号,赋值表达式就变为了赋值语句,它是 Java 中的最基本的、最简单的语句,赋值语句的语法格式如下:

变量名=表达式;

例 2-8 赋值运算。

```
//Assignment.java
package ch02;
public class Assignment{
    public static void main(String[] args){
        int a,b,c;
        a=1;
        System.out.println("a="+a);
        b=a+2;
        System.out.println("b="+b);
        c=(b=a+3);
        System.out.println("c="+c);
        a=a+1;
        System.out.println("a="+a);
    }
}
```

程序的运行结果如下:

a=1
b=3
c=4
a=2

本例体现了赋值表达式的各种形式:主方法 main()中的第 1 行赋值号左侧是变量,右侧是常量,运算时将右侧常量 1 的值直接赋值给左侧变量 a;第 3 行赋值号左侧是变量,右侧是表达式,右侧表达式计算的结果赋值给左侧变量;第 5 行赋值号左侧是变量,右侧是表达式,所不同的是右侧表达式是一个赋值表达式。首先计算右侧赋值表达式,根据前边的知识可知表达式(b=a+3)的值应该是 4,然后将 4 赋值给左侧变量 c。实际上这个赋值表达式与 c=b=a+3 是等价的。第 7 行 a=a+1 从数学的角度来看是不成立的,因为不存在一个 a 的值能使 a 和 a+1 相等,但在 Java 中它是有意义的。因为数学中"="有两层意思,一是赋值,二是等价。然而在 Java 中将这两个意思分别用不同的符号表示,"="仅表示赋值,"=="表示等价。要判断 a 和 a+1 是否等价,在 Java 中应写成 a==a+1,其运算的结果应是 false。a=a+1 只表示赋值,结果使 a 的值在原来基础上加 1。

如果使用 3=a、a+b=c 这样的赋值表达式,它们是非法的。

上面提到的赋值运算称为简单赋值运算,Java 中还有一种赋值运算叫复合赋值运算。复合赋值运算符就是在"="前再加上算数运算符,赋值表达式的一般形式如下:

变量 复合赋值运算符 表达式;

部分常用的复合赋值运算和简单赋值运算的等价关系见表 2-5。

表 2-5 部分常用的复合运算

复合赋值运算符	名　称	复合赋值运算	等价简单赋值运算
＋＝	加赋值	a＋＝b	a＝a＋b
－＝	减赋值	a－＝b	a＝a－b
＊＝	乘赋值	a＊＝b	a＝a＊b
／＝	除赋值	a／＝b	a＝a／b
％＝	取余赋值	a％＝b	a＝a％b

注意：复合赋值运算符右侧的表达式要看做一个整体，如 a＊＝b＋1 等价于 a＝a＊(b＋1)，而不是 a＝a＊b＋1。

(5) 条件运算符

条件运算符是一个三目运算符，它由两个符号，3 个操作数组成，其格式如下：

<条件表达式>?<表达式 1>:<表达式 2>

其中，条件表达式的运算结果是布尔类型，表达式 1、表达式 2 可以是数值型或布尔型。条件运算的含义是：当<条件表达式>的值为 true 时，整个表达式的值为<表达式 1>的值，当<条件表达式>的值为 false 时，整个表达式的值为<表达式 2>的值。

例 2-9 求两数中的较大值。

```
//Max.java
package ch02;
public class Max{
    public static void main(String[] args){
        int a,b,c;
        a=3;
        b=9;
        c=a>b?a:b;
        System.out.println("Max="+c);
    }
}
```

程序的运行结果如下：

```
Max=9
```

2. 运算符的优先级

Java 中的表达式可能是前文所述的多种运算的组合，例如 a＝b&&c＋2>d，此式中有赋值运算、逻辑运算、算术运算和关系运算，那么它的运算次序如何呢？这要取决于运算符的优先级，优先级高的先运算，低的后运算，另外还可以借助于"()"改变表达式的运算次序，即有括号要先算括号中的内容。Java 规定的运算符的优先级见表 2-6，表中从上到下优先级从高到低，同一行中的优先级相同，还要考虑运算符的结合性。例如，表达式 a＋b－c 中的加、减属同一优先级的算术运算，其结合性是从左向右，所以先算加后算减。

从表 2-6 中看出,总的优先级排序和结合性符合以下原则。

表 2-6 运算符的优先级

运算符种类	运 算 符	结合性	优先级
算数运算符	!、++、--、+(取正)、-(取负)	从右向左	高 ↑
	*、/、%		
	+、-		
关系运算符	<、<=、>、>=	从左向右	
	==、!=		
逻辑运算符	&&		
	||		
条件运算符	?:	从右向左	↓ 低
赋值运算符	=、+=、-=、*=、/=、%=		

(1) 单目运算符高于双目运算符,双目运算符高于三目运算符。

(2) 算数运算符高于关系运算符,关系运算符高于逻辑运算符,逻辑运算符高于条件运算符,条件运算符高于赋值运算符。

(3) 单目运算符、条件运算符和赋值运算符都是从右向左结合,其余都是从左向右结合。

(4) 但也有一些例外,如算数运算符优先级普遍高于逻辑运算符,但"!"运算例外;还有双目运算符优先级普遍高于三目运算符,但赋值运算例外。

数学中类似 $x \geqslant y \geqslant z$ 这样的表达式,用 Java 语言表示,必须写成(x>=y)&&(y>=z)。因为 x>=y>=z 以 Java 的语法规则来理解,同优先级运算符考虑结合性,>= 运算符是由左向右结合,首先运算 x>=y,其结果是 boolean 类型,而 boolean 类型和数值类型变量是不能比较大小的,所以 Java 会报错,而写成(x>=y)&&(y>=z),要先运算两个关系运算,再将两个 boolean 类型的结果进行与运算,结果为 boolean 类型。

3. 表达式

表达式是由操作数和运算符按一定的语法形成的符号序列,以下是合法的表达式:

```
a+b
(a+b)*(a-b)
"name="+"李明"
```

每个表达式运算后都会产生一个确定的值,这个值的类型就是表达式的类型。根据表达式中使用的运算符的不同,分为算术表达式、关系表达式、逻辑表达式、赋值表达式、条件表达式。例如:

```
a+30*2
a>8
a&&c || c&&e
b=3+7
a=3>b?5:4+5
```

一个常量或一个变量是最简单的表达式，一个表达式可以作为一个操作数参与到其他运算中，从而形成较复杂的表达式。

2.2 语句结构

2.2.1 目标

通过解决任意整数的数字分解与求和问题，掌握 Java 语言的赋值语句定义与作用，掌握 Java 语言的分支判断语句的格式及应用，掌握 Java 语言的循环语句的格式及应用，掌握 Java 语言的语法控制流程，了解分析问题的思路方法，能够应用 Java 语言的各种语句解决相关的问题。

2.2.2 情境导入

Java 是纯面向对象的语言，对象中封装有数据变量以及操作的方法，方法是对象的行为表现，而语句则是行为的具体描述。在 Java 中，由于语句功能的不同，语句有简单语句和复杂语句之分。一个 Java 程序就是由许多条这样的语句，按照不同的功能需求分别组织起来构成的一个逻辑整体。一般来说，Java 程序中的语句是顺序执行的，也就是按照程序中语句出现的次序从头到尾依次执行。但在解决一些实际问题时，会由于实际条件的约定，有些语句会被执行，另一些语句将不会被执行，这两个部分语句具有互斥性，有些语句只执行一次，而另一些语句可能需要执行多次，这时就需要用到流程控制结构来控制程序中语句的执行顺序。就像生活中的实际问题一样，当有两个老师在同时讲授数学和外语课程，你不能同时去完成这两门课的听课任务，必须有所选择。当你选择学习数学课时，由于讲授的内容有一定的难度，部分内容你听不懂，这时讲授的老师就会反复地讲解，直到你听懂为止。这说明有些行为具有互斥性，只能选择执行某一个，而有些行为需要反复进行。如果现在给定的问题是：给定任意一个整数，要求判断出这个整数是几位数，并且判断这个整数包含几个数字 1 以及这个整数的各位数字之和是多少。显然，这个问题需要做反复的判断，每次判断后又要做不同的处理，下面将使用 Java 提供的各种语句来逐步解决这个问题。

2.2.3 案例分析

一个问题往往会有许多种求解方法，且每种方法的思路及解决问题的难易程度有所不同。一般将复杂问题分解为多个简单问题，同时需要考虑分解后的简单问题之间的相关性。如果问题的求解方向不准确，可能会使问题求解的复杂度增加。给定的整数是一个任意数，所以它的位数不确定，如果按照下面的思路来判断：

如果这个数小于 10，说明它是 1 位数；

如果这个数小于 100，说明它是 2 位数；

如果这个数小于 1000，说明它是 3 位数；

……

显然问题的解决过程复杂了，即无法确定这个数究竟是几位数。假如已经限定这个数的上限了，可以判断出这个数是几位数，但相似判断会进行多次，重复代码会很多，同时还需要再用其他方法来求解余下的问题。所以最好的办法是获得这个整数的各位数字，经过计数即可得知它是几位数，同时可以判断这个数字是否为1，也可以将所有这些数字求和。

对于任意整数，最简单的就是一位数，只有一个个位数字，而其他任意整数也都有一个个位数字，个位数字也最容易获得，任意数与10进行取余运算即可获得。个位数字获得后就可以判断是否是1，同时也可以将其加到和中，此时这个个位数字就不再需要了，接下来只需判断其他位的数字。由于个位不再使用，可以将其丢弃，采用的方法就是将当前的这个整数缩小10倍并取整，这时先前整数十位上的数字已经变为新整数的个位上的数字了，再用同样的办法便可获得这个新个位数字。反复执行这样的步骤，即可获得这个整数的所有数字。但反复执行多少次才能获得所有数字呢？分析发现，当一个数缩小为一位数的时候，再缩小10倍，这个数将变为0，0再缩小10倍，结果依然是0，所以可以把一个整数是否大于0作为继续缩小的判断条件，这样所有的问题就全部解决了。

用Java语言来实现这个过程，还需要考虑Java的语言功能。首先，这个任意整数需要给定一个范围，即对应一种类型才有助于问题的求解，由于这个整数在求解过程中需要不断地缩小，应将其赋值给一个变量，通过变量来访问不断变化的值；每次得到的个位数字也是不同的，所以也需要用变量来保存；同样保存求和后的结果也需要一个变量，这些变量可以定义为整型变量。其次，任意整数的位数不确定，需要反复执行分解求和的操作，需要使用Java语言的流程控制语句，即使用循环语句来实现。另外对于获得的每个数字是否是1的判断需要使用Java语言的判断语句。

2.2.4 案例实施

考虑到这个任意整数的范围以及问题求解的方便性，则将其设置为一个long型数据，具体实现代码如下：

```java
//案例2.2：数字位数判断及求和
//TestFigure1.java
package ch02.project;
import java.io.*;
public class TestFigure1{
    public static void main(String[] args){
        long ms,tmp;
        int a,s,num1,num2;
        ms=314612791;                    //赋初值
        tmp=ms;                          //判断变量赋值
        s=0;  num1=0;  num2=0;           //初始化各变量
        while(tmp>0){                    //while循环
            a=(int)(tmp%10);             //获得个位数字
            s=s+a;                       //将分解得到的个位数字求和
            num1=num1+1;                 //分解1位数字后计数加1
            if(a==1) num2++;             //判断分解到的数字是否是1,是则计数加1
```

```
            tmp=tmp/10;                    //分解一次后缩小 10 倍
        }
        System.out.print(ms+"是 "+num1+" 位数,");
        System.out.println(" 它有 "+num2+" 个 1,"+" 各位数字之和是 "+s);
    }
}
```

程序的运行结果如下：

314612791 是 9 位数,它有 3 个 1,各位数字之和是 34

变量 tmp 存放需要分解的整数,当其缩小为 0 后循环结束,然后输出结果。为了判断任意一个 long 型整数,可以使用随机方法来产生这样的随机整数,将 ms 变量的赋值改变为如下代码：

```
ms=(long)(Math.random() * 1000000000);
```

random 随机方法将产生一个大于或等于 0.0,小于 1.0 的 double 型的值,上面的代码产生一个 0～1000000000 之间的随机整数。如果产生[20,50]范围之内的随机整数,可以使用如下代码：

```
b=(long)(Math.random() * (50-20+1)+20);
```

下面将全面学习 Java 语言的各种语句结构。

2.2.5 基本语句

Java 语言中,语句是构成程序的最基本语言单位,它以分号为标志。2.2.4 小节中提到的表达式不能算是语句,例如"a=b+c"是一个表达式,但并不是语句,只有在末尾加上分号变为"a=b+c;"才构成语句。Java 中的基本语句有以下几种类型。

1. 变量说明语句

变量说明语句用来声明变量的类型,其一般格式如下：

类型 变量名 1,变量名 2,…;

例如：

```
int i,j,k;
```

2. 赋值语句

赋值语句是将表达式的计算结果赋值给变量,其一般格式如下：

变量=表达式;

例如：

```
d=b*b-4*a*c;
```

3. 方法调用语句

方法是一系列相关程序代码的集合,能实现一定的功能,其一般格式如下：

定位标识.方法名(参数列表);

例如在前面章节中用到的 System.out.println()、Math.random()等,其中 System.out 和 Math 都是定位标识,说明方法源自于何处,关于方法的概念在第3章学习。

4. 空语句

空语句是什么都不做的语句,仅有一个分号就构成一个空语句,空语句存在于程序中,在某些时候是很有必要的。

5. 复合语句

将相关的多条语句组合在一起就构成了复合语句,它的标识是使用"{ }",即用一对花括号括起来的若干条语句就是复合语句,通常在分析程序结构时,可将复合语句视为一条语句,例如:

```
int x,y,t;
{
    t=x;
    x=y;
    y=t;
}
```

图 2-2 顺序结构流程图

一般来说,程序中的语句是按照一定的顺序执行的,最基本的结构就是顺序结构,也就是按照语句在程序中出现的次序从前往后执行。顺序结构执行流程如图 2-2 所示,仅当程序中第 i 条语句执行完毕才能执行第 i+1 条语句,执行顺序不会颠倒。

2.2.6 选择语句

1. 二分支语句

当语句的执行不是必须的,而是有所选择时,需要用到 Java 的另外一种结构语句,即选择语句。

例 2-10 为鼓励居民节约用水,自来水公司采取用水量分段计费的办法,居民应交的水费 y(元)与用水量 x(吨)的方法关系如下,根据用户的用水量,计算用户该支付的水费。

$$y = f(x) = \begin{cases} 4x/3 & (x \leqslant 15) \\ 2.5x - 10.5 & (x > 15) \end{cases}$$

```
//WaterRate.java
package ch02;
public class WaterRate{
    public static void main(String[] args){
        double x,y;
        x=13.5;
        if(x<=15)
            y=4*x/3;
        else
```

```
            y=2.*x-10.5;
        System.out.println("x="+x+",y="+y);
    }
}
```

程序的运行结果如下：

```
x=13.5, y=18.0
```

本例中的语句"y=4*x/3;"与"y=2.*x-10.5;"是互斥的，即两者只能执行一个，究竟执行哪一个，需要根据条件判断来决定，Java 中的 if...else 结构就是用来解决这种问题的，称为分支结构。其一般形式如下：

```
if(表达式)
    语句 1;
else
    语句 2;
```

该结构是根据表达式的值来决定是执行语句 1 还是语句 2。首先求解表达式，如果表达式的值为 true，则执行语句 1；如果表达式的值为 false，则执行语句 2，其执行流程如图 2-3 所示。

在使用分支结构解决问题的时候还要注意以下几点。

(1) else 语句不能作为语句单独使用，它是 if 语句的一部分，必须与 if 配对使用，而 if 语句却可以单独使用。

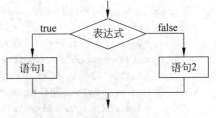

图 2-3　二分支结构流程图

(2) if 语句的表达式后没有分号，但语句 1、语句 2 后必须有分号。

(3) 语句 1、语句 2 都可以是复合语句。

下面通过程序段来说明。

程序段 1：

```
if(x<0)
    System.out.println("x 必须为正!");
```

这样的语句也是正确的，当表达式值为 true 时，输出字符串，当表达式值为 false 时，什么也不做。

程序段 2：

```
if(x<0) ;
    System.out.println("x 必须为正!");
```

这段程序和程序段 1 只有一个分号的差别，但表达的意思却大不相同。表达式后的分号是 if 语句在条件成立时执行的语句，它是一个空语句，而字符串输出语句是 if 结构之外的另一条语句，在 if 语句执行后顺序执行。

程序段 3：

```
if(x<0){
    System.out.println("x 必须为正!");
    System.out.println("请重新输入 x");
}
```

如果表达式的值为 true 时要执行的语句多于 1 条,则必须用花括号括起来,以复合语句的形式出现,如本段程序。如果去掉本段程序中的花括号,第二条输出语句将成为 if 结构之外的语句,只有第一条输出语句是 if 结构的"语句 1"。

2. 多分支语句

前面学习的分支结构是二分支结构,也就是说只能用来处理有两种情况的问题,如二分段方法。但如果是多种情况的问题,就需要使用 Java 的多分支语句。

例 2-11 判断字符的类型。

从键盘输入一个字符,判断它是数字、小写字母、大写字母还是其他字符。

```
//Character.java
package ch02;
public class Character{
    public static void main(String[] args){
        int i=0;
        System.out.print("请输入一个字符以 Enter 键确认: ");
        try{i=System.in.read();}catch(Exception e){}
        if(i>='0'&&i<='9')
            System.out.println("输入的是数字");
        else if(i>='a'&&i<='z')
            System.out.println("输入的是小写字母");
        else if(i>='A'&&i<='Z')
            System.out.println("输入的是大写字母");
        else
            System.out.println("输入的是其他字符");
    }
}
```

程序的运行结果如下:

请输入一个字符以 Enter 键确认: K
输入的是大写字母

用户从键盘输入的字符是任意的,分为 4 种情况来处理,即数字、大写字母、小写字母和其他字符,所用的 if 结构就是多分支结构,其一般形式为:

```
if(表达式 1)
    语句 1;
else if(表达式 2)
    语句 2;
⋮
else if(表达式 n-1)
    语句 n-1;
else
```

语句 n;

它的执行流程如图 2-4 所示。首先求解表达式 1,如果表达式 1 的值为 true,则执行语句 1,并结束整个 if 语句的执行;否则求解表达式 2。如果表达式 2 的值为 true,则执行语句 2,并结束整个 if 语句的执行;否则依次判断后面的表达式,直至最后的 else 来处理给出的条件都不满足的情况,即表达式 1 至表达式 $n-1$ 的值都为 false 时执行语句 n。

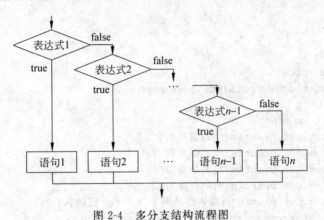

图 2-4 多分支结构流程图

从流程中看出,使用 else if 的多分支结构是从前向后依次判断表达式的值,直到找到一个值为 true 的分支,执行该分支包含的语句并退出分支结构。

例 2-12 求解下面的三分段函数:

$$y = f(x) = \begin{cases} 0 & (x < 0) \\ 4x/3 & (0 \leqslant x \leqslant 15) \\ 2.5x - 10.5 & (x > 5) \end{cases}$$

下面给出几个程序段,请判断哪一种正确。

```
//Ramus.java
package ch02;
public class Ramus{
    public static void main(String[] args){
        double x,y;
        x=12;
        if(x<0)
            y=0;
        else if(x<=15)
            y=4*x/3;
        else
            y=2.5*x-10.5;
        System.out.println("x="+x+"   y="+y);
    }
}
```

程序的运行结果如下:

x=12.0 y=16.0

如果条件 x<0 不成立,则说明 x>=0,所以"else if(x<=15)"中的条件判断 x<=15 实际上表达了 0<=x<=15 的判断关系,此时 y 的值就应该由语句"y=4*x/3;"来决定。

例 2-13 查询产品价格。

由程序显示若干产品及编号,用户从键盘输入产品编号,由程序给出该种产品的价格。

```
//Price.java
package ch02;
public class Price{
    public static void main(String[] args){
        int i=0;
        float price;
        System.out.println("[1]薯片");
        System.out.println("[2]爆米花");
        System.out.println("[3]巧克力");
        System.out.println("[4]可乐");
        System.out.print("请输入产品编号以 Enter 键确认:");
        try{i=System.in.read();}catch(Exception e){}
        i=i-'0';
        switch(i){
            case 1:
                price=3.0f;        break;
            case 2:
                price=2.5f;        break;
            case 3:
                price=4.0f;        break;
            case 4:
                price=3.5f;        break;
            default:
                price=0;           break;
        }
        System.out.println("该产品价格是:"+price+"元");
    }
}
```

程序的运行结果如下:

[1]薯片
[2]爆米花
[3]巧克力
[4]可乐
请输入产品编号以 Enter 键确认:2
该产品价格是:2.5元

本例中 read()方法读入的是某键的 ASCII 码值,对于数字键来说,要求它表示的数值减去 0 键的 ASCII 码值,即减 48。

从结构上来看,本例也是一个多分支结构,用到的是 switch 结构,它与 else if 结构是可以互相转化的,但从书写上来看,switch 结构更为简洁,所以在处理多分支的问题时,可以考虑使用其中一个。switch 结构的一般形式为:

```
switch(表达式){
    case 常量表达式 1 : 语句 1; break;
    case 常量表达式 2 : 语句 2; break;
    ⋮
    case 常量表达式 n : 语句 n; break;
    default : 语句 n+1; break;
}
```

switch 语句的执行过程是:首先计算表达式的值,然后从上往下逐个判断该值是否与 case 后面的常量表达式的值匹配,如果匹配,则执行该 case 里的所有语句,直到遇到 break 语句跳出 switch 结构;否则会执行该 case 下面的所有语句,包括 default 里的语句。如果与所有 case 后面的常量表达式的值不匹配,则执行 default 里的语句。

需要注意的是,switch 结构中一般不可丢掉每个分支中的 break 语句,它是用来跳出 switch 结构的,但在某些应用中需要省掉 break,读者可自行验证是否含有 break 语句的区别。default 语句相当于 else,是否定前面各分支后要执行的语句,此句可省略。break 语句的其他用法将在后面学习。

3. 分支嵌套

在二分支结构中,每个分支都可以是复合语句,即用花括号括起来的多条语句,每条语句可以是简单语句,也可以是流程控制语句。如果分支结构中的一个分支又是一个分支结构的语句,称为分支结构的嵌套。

例 2-14 判断闰年。

历法规定,能被 4 整除且不能被 100 整除的年份或者能被 400 整除的年份都是闰年。用户输入一个年份,判断该年是否是闰年。

```java
//Year.java
package ch02;
import java.util.Scanner;
public class Year{
    public static void main(String[] args){
        System.out.print("请输入年份,以 Enter 键结束:");
        Scanner s=new Scanner(System.in);
        int year=s.nextInt();                          //从键盘输入一个数
        if(year% 4==0){
            if(year% 100==0){
                if(year% 400==0)
                    System.out.println(year+"年,是闰年");
                else
                    System.out.println(year+"年,不是闰年");
            }else
                System.out.println(year+"年,是闰年");
        }else
            System.out.println(year+"年,不是闰年");
```

        }
    }

程序的运行结果如下：

请输入年份,以 Enter 键结束:2008
2008年,是闰年

本例中用到一种新的数据输入方法,即类 Scanner 里的 nextInt()方法,具体的用法将在后面的章节中学习,在这里可以用它来获得键盘输入的一个整数。对本题来说,也可以使用复合的逻辑表达式来表示条件判断：

```
if(year% 4==0 && year% 100!=0 || year% 400==0)
    System.out.println(year+"年,是闰年");
else
    System.out.println(year+"年,不是闰年");
```

2.2.7 循环语句

用 Java 求解实际问题时,有些问题既不同于前面顺序语句能解决的问题,也不同于分支语句能解决的问题,而是要多次地重复执行某项操作,并在某个条件下结束重复执行的语句,执行流程如图 2-5 所示。

该种流程结构称为循环结构,Java 中用循环语句来实现这样的功能,如 for 语句、while 语句、do…while 语句。

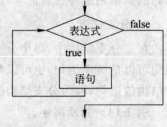

图 2-5 循环结构流程图

1. for 循环

例 2-15 温度转换表。

在例 2-4 的基础上,输出给定范围(100～110)的华氏—摄氏温度转换表。

```
//Temperatures.java
package ch02;
public class Temperatures{
    public static void main(String[] args){
        double celsius,fahr;
        System.out.println("Fahr    Celsius");
        for(fahr=100;fahr<=110;fahr++){
            celsius=5*(fahr-32)/9;
            System.out.println(fahr+"    "+Math.round(celsius*100)/100.0);
        }
    }
}
```

程序的运行结果如下：

Fahr   Celsius
100.0   37.78

```
101.0    38.33
102.0    38.89
103.0    39.44
104.0    40.0
105.0    40.56
106.0    41.11
107.0    41.67
108.0    42.22
109.0    42.78
110.0    43.33
```

通过例 2-4 可知如何将一个华氏温度转换为摄氏温度。现在要把同样的方法执行 10 次，转换 10 次温度。变量 fahr 的变化范围在 100～110 之间，每增加 1，就进行 1 次转换。本例中使用 for 语句来控制循环的执行流程，它的一般形式如下：

for(表达式 1;表达式 2;表达式 3)
　　循环体语句；

for 语句中，用 2 个分号来分隔 3 个表达式。for 语句后没有分号，因为 for 语句和其后的循环体合起来是一个完整的循环结构，这一点与 if 语句类似。for 语句的执行流程如图 2-6 所示。先计算表达式 1；然后判断表达式 2，若值为 true 则执行循环体语句，并计算表达式 3；然后再判断表达式 2，若值为 true 则继续循环；否则循环结束。

从流程图可以看出，for 语句中的 3 个表达式及循环体语句的执行顺序和书写顺序有所不同。书写时表达式 3 在前，循环体语句在后；执行时循环体语句在前，表达式 3 在后。表达式 1 只在进入循环前执行 1 次，而表达式 2、表达式 3 和循环体语句可能执行多次。

在 for 语句中，常常通过改变和判断某个变量的值来控制循环的执行，这样的变量称为循环变量。本例中 fahr 就是循环变量，for 语句的 3 个表达式分别对它赋值、判断其值、改变其值。下面结合本例程序，讨论 for 语句的 3 个表达式的含义和功能。

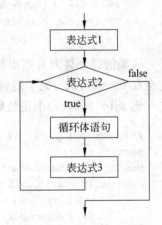

图 2-6　for 循环结构示意图

表达式 1：初值表达式，对循环变量赋初值，指定循环的起点。如 fahr＝100，设置了第一个被转化的华氏温度是 100，从此处开始循环计算摄氏温度。

表达式 2：条件表达式，给出循环执行的条件，通常判断循环变量是否超过了循环的终点。若该表达式的值为 true，则继续循环，若为 false，则结束循环。如 fahr＜＝110，作为最后一个被转化的华氏温度，一旦 fahr 的值超过了 110，表达式 2 的值为 false，循环随之结束。

表达式 3：步长表达式，设置循环的步长，改变循环变量的值，从而可能改变表达式 2 的值，使得循环条件趋向不成立。如 fahr＋＋，使 fahr 的值增 1，这样才有可能使得 fahr＞110，表达式 2 的值为 false，循环才能正常结束。

循环体语句：被反复执行的语句，只能是一条语句，如果是多条语句必须以复合语句的形式出现。

for 语句的结构反映了循环结构的规则，从哪里开始，到哪里结束，每次跨多大的步子，重复做什么。如本例中，从 100 华氏度开始，到 110 华氏度结束，每次增加 1 华氏度，重复将华氏温度转化为摄氏温度。

需要注意的是，如果循环体只有 1 条语句，则循环体的花括号可以省略，但如果是多条语句，则一定不能省略。如果将本例中程序写成：

```
for(fahr=100;fahr<=110;fahr++)
    celsius=5*(fahr-32)/9;
    System.out.println(fahr+"    "+Math.round(celsius*100)/100.0);
```

那么，输出结果中只会看到最后一个被转换的结果，原因是省掉花括号，循环体就只有 for 后的第一条语句，输出语句就不再属于循环体了。另外，如果在 for 语句后加了分号，也会得到错误的结果，如：

```
for(fahr=100;fahr<=110;fahr++);
{
    celsius=5*(fahr-32)/9;
    System.out.println(fahr+"    "+Math.round(celsius*100)/100.0);
}
```

这里的循环体只有空语句，也就是花括号里的内容不是循环体，它与 for 语句并列，它会在 for 语句执行完毕后执行。

例 2-16 输入一个正整数 n，求 $1\sim n$ 的累加和与累乘积。

```
//SumAndFact.java
package ch02;
public class SumAndFact{
    public static void main(String[] args){
        int i,n;
        double sum=0,fact=1;
        System.out.print("请输入正整数 n:");
        Scanner s=new Scanner(System.in);
        n=s.nextInt();
        for(i=1;i<=n;i++){
            sum=sum+i;
            fact=fact*i;
        }
        System.out.println("累加和="+sum);
        System.out.println("累乘积="+fact);
    }
}
```

程序的运行结果如下：

请输入正整数 n:5
累加和=15.0

累乘积=120.0

2. while 循环

while 语句也用于循环结构流程控制,而且它的适用面更广。其一般形式如下:

while(表达式)
　　循环体语句;

while 语句的执行流程如图 2-7 所示。

与 for 循环的流程图相比,while 循环的结构更简单,只有一个表达式和一个循环体语句,分别对应循环结构的两个核心要素:循环条件和循环体。那么是不是 while 循环就不需要像 for 循环中的循环变量赋初值语句和循环变量改变的语句了呢?先来观察一下使用 while 结构改写例 2-16 后的程序代码。

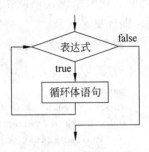

图 2-7　while 循环示意图

```
//SumAndFactWithWhile.java
package ch02;
import java.util.Scanner;
public class SumAndFactWithWhile{
    public static void main(String[] args){
        int i,n;
        double sum=0,fact=1;
        System.out.print("请输入正整数 n:");
        Scanner s=new Scanner(System.in);
        n=s.nextInt();
        i=1;
        while(i<=n){
            sum=sum+i;
            fact=fact * i;
            i++;
        }
        System.out.println("累加和="+sum);
        System.out.println("累乘积="+fact);
    }
}
```

程序的运行结果如下:

请输入正整数 n:5
累加和=15.0
累乘积=120.0

改写后的程序功能并没有发生改变,重要的是对比两种循环的流程。对于 for 语句中的表达式 1,本例中处于 while 语句之前;for 语句的表达式 2 则是本例中 while 后的表达式;for 语句的表达式 3 则在 while 的循环体中。如果将本例中 i=1 和 i++这两条语句去掉,程序将不能运行。可见,while 循环和 for 循环从本质上来讲是相同的,只是

while 循环的语法要求更简单些。虽然 while 循环的语法并没有要求循环变量赋初值和循环变量改变的语句,但从逻辑上来看它们也是 while 循环必不可少的。

既然 while 循环和 for 循环本质相同,为什么要设计不同的语法结构来描述相同的功能呢? 一般来说,for 循环用于循环次数确定的情形,在某些问题上使用 while 循环要比 for 循环更易实现。

例 2-17 录入一批学生的成绩,计算平均成绩。

```java
//AverageScore.java
package ch02;
import java.util.Scanner;
public class AverageScore{
    public static void main(String[] args){
        int count=0;
        double sum=0;
        Scanner s=new Scanner(System.in);
        System.out.println("请输入一批学生成绩,以负数结束:");
        int score=s.nextInt();
        while(score>0){
            sum=sum+score;
            count++;
            score=s.nextInt();
        }
        System.out.println("平均成绩="+sum/count);
    }
}
```

程序的运行结果如下:

```
请输入一批学生成绩,以负数结束:
98
96
73
69
-1
平均成绩=84.0
```

本例中,count 变量用于计数,sum 用于存储所有成绩的累加和。像这样的问题,用 for 循环解决就不太方便,因为要求录入一批学生的成绩,而学生的数量并不明确。而用 while 循环就要简单些,设计了一个数据输入结束的标识即负数。也就是说,输入的数据如果是大于 0 的就视为合理的成绩,如果是负数,就视为输入完成。因此,对于循环次数比较明确的问题倾向于选择 for 语句解决,对于循环次数不明确的问题则倾向于选择 while 语句。

3. do…while 循环

与 while 语句类似的还有一种循环控制结构叫 do…while 语句。它的一般形式如下:

```
do{
```

        循环体语句;
    }while(表达式);

该种循环结构是先执行一次循环体,然后再判断循环条件,如果条件成立则继续执行循环体,否则循环结束,do...while 语句的执行流程如图 2-8 所示。

for 语句和 while 语句都是先判断条件后执行循环体,称为前测型循环,而 do...while 语句是先执行循环体后判断条件,称为后测型循环。那么前测和后测对程序的执行有什么影响呢?下面观察改写例 2-17 后的程序代码。

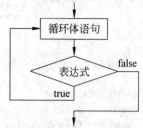

图 2-8 do...while 流程示意图

```
//AverageScoreWithDo.java
package ch02;
import java.util.Scanner;
public class AverageScoreWithDo{
    public static void main(String[] args){
        int count=0;
        double sum=0;
        Scanner s=new Scanner(System.in);
        System.out.println("请输入一批学生成绩,以负数结束:");
        int score;
        do{
            score=s.nextInt();
            sum=sum+score;
            count++;
        }while(score>0);
        System.out.println("平均成绩="+sum/count);
    }
}
```

程序的运行结果如下:

请输入一批学生成绩,以负数结束:
98
96
73
69
-1
平均成绩=84.0

这个运行结果似乎与例 2-17 的结果没有什么不同。但如果在运行程序后首先输入-1,则运行结果显示"平均成绩=-1.0",这显然是一个错误的结果。而在例 2-17 中,以同样的方式运行程序,会输出"平均成绩=0.0"。这就是前测和后测的区别,前测型循环的循环体有可能一次都不执行,而后测型循环至少执行一次循环体。因此,需要根据实际问题来决定到底是选用 for 语句、while 语句还是 do...while 语句。

4. 循环嵌套

前面讲到分支结构的嵌套,即分支结构中的一个分支又是一个分支结构,那么循环嵌套就是循环结构中的循环体又是一个循环结构。

例 2-18 用循环语句输出以下图形。

```
                                                      *
                                                     ***
        *****   *****     *       *      *****     *****
                *****    ***     ***      ***      *****
                *****   *****   *****      *         *
          1       2       3       4         5         6
```

代码如下：

```java
//Graphic.java
package ch02;
public class Graphic{
    public static void main(String[] args){
        int i,j,k;
        System.out.println("图形 1");
        for(i=1;i<=5;i++){
            System.out.print(" * ");
        }
        System.out.print("\n");
        System.out.print("\n");
        System.out.println("图形 2");
        for(i=1;i<=3;i++){
            for(j=1;j<=5;j++)
                System.out.print(" * ");
            System.out.print("\n");
        }
        System.out.print("\n");
        System.out.print("\n");
        System.out.println("图形 3");
        for(i=1;i<=3;i++){
            for(j=1;j<=2*i-1;j++)
                System.out.print(" * ");
            System.out.print("\n");
        }
        System.out.print("\n");
        System.out.print("\n");
        System.out.println("图形 4");
        for(i=1;i<=3;i++){
            for(j=1;j<=3-i;j++)
                System.out.print(" ");
            for(j=1;j<=2*i-1;j++)
                System.out.print(" * ");
            System.out.print("\n");
        }
        System.out.print("\n");
        System.out.print("\n");
        System.out.println("图形 5");
        for(i=1;i<=3;i++){
            for(j=1;j<=i-1;j++)
```

```
                System.out.print(" ");
            for(j=1;j<=7-2*i;j++)
                System.out.print("*");
            System.out.print("\n");
        }
        System.out.print("\n");
        System.out.print("\n");
        System.out.println("图形 6");
        for(i=-2;i<=2;i++){
            for(j=1;j<=Math.abs(i);j++)
                System.out.print(" ");
            for(j=1;j<=5-2*Math.abs(i);j++)
                System.out.print("*");
            System.out.print("\n");
        }
    }
}
```

本例中,除图形 1 外,都使用了循环嵌套。下面以图形 2 为例分析循环嵌套执行的过程。内层循环是外层循环的循环体,所以外层循环的循环变量固定在一个值上时,内层循环的循环变量要变化一个轮次。如 i=1 时,内层循环变量 j 从 1 变化到 5;i=2 时,内层循环变量 j 再从 1 变化到 5;如此反复循环下去,直到外层循环条件不成立,整个循环语句结束。

图形 3 与图形 2 的不同是,图形 3 的内层循环变量由表达式 2*i−1 控制。图形 4 在图形 3 的基础上增加了对空格的控制。图形 5 和图形 6 则是改变了内层循环变量随外层循环变量变化的规律。

2.2.8 跳转语句

1. break 语句

break 语句曾在 switch 语句中用到,用于跳出分支结构。它也可以用于循环语句中,其作用是跳出循环语句,从循环语句的下一条语句开始执行。

例 2-19 从 100~1000 中查找 23 的倍数,如有输出第一个,否则显示没有。

```
//FirstMultiple.java
package ch02;
public class FirstMultiple{
    public static void main(String[] args){
        int i;
        for(i=100;i<=1000;i++)
            if(i%23==0) break;
        if(i<=1000)
            System.out.println("100~1000 中第一个是 23 的倍数的数为"+i);
        else
            System.out.println("100~1000 中没有 23 的倍数");
    }
}
```

程序的运行结果如下：

100~1000 中第一个是 23 的倍数的数为 115

本例设计了一个 for 循环,循环变量 i 累加到 1001 时,循环会自动结束。但由于循环体内有条件判断语句,当条件成立时将执行 break 语句,程序会跳转到 for 循环语句的下一条语句——if 语句处继续执行,此时判断循环变量 i 的值,如果小于 1000 说明找到了 23 的倍数,否则没有找到。

2. continue 语句

与 break 语句相比,continue 语句只能用于循环体中,其作用却不同,continue 语句只能跳过本次循环,返回到循环的条件判断处,进行下轮循环的判断,而不能彻底跳出循环。看下面的例子。

例 2-20 输出 0～10 范围内不是 3 的倍数的数。

```java
//Test.java
package ch02;
public class Test{
    public static void main(String[] args){
        for(int i=0;i<10;i++){
            if(i% 3==0)continue;
            System.out.print(i+" ");
        }
    }
}
```

程序的运行结果如下：

1 2 4 5 7 8

本例中,循环执行了 10 次,但输出语句只执行了 6 次,因为有 4 次被 continue 语句跳过。根据设置的条件,0、3、6、9 除 3 取余时结果为 0,条件成立后由 continue 语句实施了跳转,回到循环开始处进行下轮循环的判断。

3. return 语句

return 语句用于方法体内,执行该语句将从当前方法中退出,返回到调用该方法的语句处,然后继续执行紧跟该语句的下一条语句。return 语句的另一个功能就是返回一个结果到调用该方法的语句处,细节将在第 3 章学习。

2.2.9 自主演练

1. 演练任务：求 π 的近似值

使用格里高利公式求 π 的近似值,要求精确到最后一项的绝对值小于 10^{-4},公式：

$$\frac{\pi}{4} = 1 - \frac{1}{3} + \frac{1}{5} - \frac{1}{7} + \cdots$$

2. 任务分析

从公式来看,只要求出等号右侧多项式的和,再乘以 4,就能算出 π 的近似值。所以关键的问题是多项式求和,从数学的角度考虑应该总结通项公式和前 n 项和公式求解,从程序的角度考虑应构造累加项,利用循环求解。然而,此题累加项的数量并不明确,适合用 while 结构解决。累加项的特点是,分母为等差数列,每项的"+"、"-"号交叉变化。

设计变量 d 作为累加项的分母,循环中的变化规律是 d=d+2;设 flag 为符号控制变量,循环中的变化规律是 flag=-flag;设计变量 item 记录累加项的值,item=flag * 1.0/d;循环执行的条件是 |item|$\geqslant 10^{-4}$。

3. 注意事项

(1) 设计变量时,将分母和符号变化的量定义为 int 型,将有小数部分的量定义为 double 型,以得到更高的精度。

(2) 容易将累加项公式写成 item=flag * 1/d,这样结果会变成"近似值=4.0"。

(3) 符号控制是一个技巧,即每次循环中对 flag 取反,按数学的思维容易写成 $(-1)^n$,幂运算速度要慢些。

(4) 逐渐习惯用程序设计的思维解决数学问题。

4. 任务拓展

参照本例程序设计思路,求解如下问题。

(1) $e = \frac{1}{1!} + \frac{1}{2!} + \frac{1}{3!} + \cdots + \frac{1}{n!}$,要求最后一项小于 10^{-6}。

(2) $x = \frac{1}{1} + \frac{2}{3} + \frac{3}{4} + \cdots + \frac{n-1}{n}$,要求相邻两项的差小于 10^{-4}。

第一题类似于上面的实例,不需要改变累加项的符号,但需要先计算累加项的分母的值,该值是阶乘积,一种方法是单独调用方法来求解 n!。另一种方法是利用继承关系,即 n!=n(n-1)!,由于前一项的分母已经求得,后一项分母只须乘以 n 便可得到。

第二题略有不同,需要求解相邻两项的值,它们的差值作为循环判断的条件,显然需要两个变量来保存相邻两项的值。另外,除第一项和最后一项使用一次以外,其他项需要使用两次。比如 $\frac{2}{3}$,它先与 $\frac{1}{2}$ 求差,如果不小于 10^{-4},该项将被累加;然后它与 $\frac{3}{4}$ 求差做进一步的判断,如果不小于 10^{-4},则 $\frac{3}{4}$ 被累加;$\frac{3}{4}$ 将与 $\frac{4}{5}$ 求差进行判断,以此类推,直到满足要求。如果用变量 a 表示前一项,变量 b 表示后一项,则每循环一次,a 需要继承 b 的值,b 需要求新值。下面给出部分代码:

```
while(Math.abs(b-a)>=0.0001){
    a=b;
    b=flag*d*1.0/(d+1);
    x=x+a;
    flag=-flag;
    d=d+1;
}
```

则计算结果为:

x=-0.3068528192065433

2.3 小结

本章介绍了Java语言的基本语法、概念和规则,理解和熟悉这些概念及规则是今后编写程序的基础。要理解常量和变量的概念,着重要和数学中的概念区别开来。要掌握Java的数据类型以及它们之间的转换方法,则需要注意转换过程中精度损失的问题。

Java的运算符比较多,但理解起来相对容易,主要注意使用规则。算术运算符中,自增、自减运算是难点,要多通过程序验证;关系运算和逻辑运算应联系起来学习,因为它们共同的地方是运算结果都是布尔类型;赋值运算中也有不同于数学的概念,应加以区别。运算符的优先级问题要在实践中逐渐熟悉。

Java提供的基本语句有变量说明语句、赋值语句、方法调用语句、空语句和复合语句。基本的流程控制结构有顺序结构、分支结构和循环结构。重点是Java语言的流程控制结构,各种流程控制结构的语法相对简单,而如何用这些流程控制语句解决问题却是难点。需要读者通过大量的实践,来体会和掌握Java程序设计的基本思想。

习题

一、选择题

1. 下列不是Java语言关键字的是(　　)。
   A. byte　　　　B. abs　　　　C. else　　　　D. null

2. 关于注释的描述正确的是(　　)。
   A. "//"既可以单行注释,又可以多行注释
   B. "/*...*/"可以用于单行注释
   C. "/**...*/"不能用于单行注释,只能用于多行注释
   D. "/*...*/"与"/**...*/"功能完全相同

3. 下列语句中错误的是(　　)。
   A. char ch1='abc';　　　　B. char ch2='\n';
   C. char ch3=80;　　　　　D. char ch4='\u0050';

4. 下列不是合法的Java标识符的是(　　)。
   A. byte　　　　B. ab2　　　　C. dels　　　　D. we_ok

5. 有程序代码如下:

   ```
   int i=0,s=0;
   while(   (1)   )
                s+=i;
   System.out.println("s="+s);
   ```

   如果程序的运行结果为s=10,那么(1)处应该填入(　　)。
   A. i<=10　　B. i<5　　C. i++<5　　D. ++i<5

6. 下列程序解释正确的是（　　）。

```
count=0;
n=100;
for(int i=0;i<n;i++){
    count+=(i%2==0)?i:0;
}
```

  A. 求 100 以内的奇数和　　　　B. 求 99 以内的奇数和
  C. 求 100 以内的偶数和　　　　D. 求 99 以内的偶数和

7. 下列程序的运行结果为（　　）。

```
public class exam2007{
    public static void main(String args[]){
        String s="java";
        switch(s){
            case "java":
              System.out.print("t1");
            case "language":
              System.out.print("t2");
            case "text":
              System.out.print ("t3");break;
        }
    }
}
```

  A. t1t2t3　　　B. t2t3　　　C. t2　　　D. 编译出错

8. Java 语言的字符集中字符采用多少位二进制位表示？（　　）
  A. 8　　　B. 16　　　C. 32　　　D. 64

9. Java 语言中，下面哪个分隔符是合法的？（　　）
  A. :　　　B. !　　　C. ?　　　D. #

10. 下列描述中错误的是（　　）。
  A. if 语句中可以有多个 else 子句
  B. while 循环语句中可以包含任何循环语句
  C. if 语句中不可以有循环语句
  D. for 语句中的表达式 1 可以使用逗号

二、判断题

1. Java 语言中变量使用前必须定义，并声明其类型。　　　　　　　　　　（　　）
2. Java 语言中赋值表达式左边的变量类型可由右边表达式的类型来确定。（　　）
3. Java 语言中赋值表达式的优先级最低。　　　　　　　　　　　　　　　（　　）
4. 表达式 b*=3+a 与表达式 b=b*3+a 等价。　　　　　　　　　　　　　（　　）
5. 算术运算符的优先级都比逻辑运算符的优先级高。　　　　　　　　　　（　　）
6. continue 语句可以单独应用于 if 语句中。　　　　　　　　　　　　　　（　　）
7. 程序中绝不可以使用死循环语句。　　　　　　　　　　　　　　　　　（　　）

8. 循环体由多条语句构成时必须使用复合语句标记"{}"。　　　　　(　　)
9. 符号常量定义后,可以在程序中改变其值。　　　　　　　　　　(　　)
10. if 语句中必须含有 else 子句。　　　　　　　　　　　　　　　　(　　)

三、问答题

1. 运行下面的程序,分别指出程序中所有变量属于何种类型。

```java
public class BasicType{
    public static void main(String[] args){
        byte b=0x88;
        short s=0200;
        int i=1111;
        long l=0x11111111;
        char c='A';
        float f=0.333f;
        double d=0.00000001;
        boolean bl=true;
        System.out.println("b="+b);
        System.out.println("s="+s);
        System.out.println("i="+i);
        System.out.println("l="+l);
        System.out.println("c="+c);
        System.out.println("f="+f);
        System.out.println("d="+d);
        System.out.println("bl="+bl);
    }
}
```

2. 设 x 为 float 类型变量,y 为 double 类型变量,a 为 int 类型变量,b 为 long 类型变量,c 为 char 类型变量,则表达式 x+y*a/x+b/y+c 的值为什么类型? 设 x=2.5,a=8,y=5,则表达式 x+a%3*(int)y 的值为什么类型?

3. 写出并分析下面程序的运行结果。

```java
public class AutoAdd{
    public static void main(String[] args){
        int a,b,c;
        a=b=c=2;
        a=++b-++c;
        System.out.println("a="+a+" b="+b+" c="+c);
        a=b+++c++;
        System.out.println("a="+a+" b="+b+" c="+c);
        a=b--+c--;
        System.out.println("a="+a+" b="+b+" c="+c);
    }
}
```

4. 说明下列表达式的运算顺序是什么。
(1)a>b==c;(2)d=a>b;(3)ch>'a'+1;(4)d=a+b>c;(5)3<=x<=5;

(6) b-1==a!=c。

5. 什么是常量？常量有哪几种？
6. 什么是变量？变量的定义格式是什么？
7. Java 语言的基本数据类型有哪几种？
8. Java 语言的符号分为哪几种？
9. 在 Java 语言中对整型常数有几种进制表示方式？
10. 在 Java 语言中有几种类型转换方式？
11. 什么是表达式语句？空语句如何构成？赋值语句属于表达式语句吗？
12. Java 语言中的基本语句有几种类型？
13. Java 语言中的循环流程控制语句有几种？
14. break 语句有几种用法？
15. Java 语言中的跳转语句有几种？
16. Java 语言中的运算符通常有哪几种？
17. 符号常量的定义格式是什么？
18. if 语句中的＜条件表达式＞必须为逻辑表达式吗？
19. 在程序块中可以定义变量吗？
20. while 循环语句与 do...while 循环语句有何区别？

四、编程题

1. 输入一个整数,利用分支结构输出其绝对值。
2. 利用循环语句输出 100 以内的偶数。
3. 输入一批学生的成绩,找出最高分。
4. 求出 100~999 范围内的所有水仙花数。所谓水仙花数,是指各数位上数字的立方和等于本身的数。如 $153, 1^3+5^3+3^3=153$。
5. 求 $1+(1+2)+(1+2+3)+\cdots+(1+2+\cdots+n)$。
6. 利用循环输出图形。

```
        *
       ***
      *****
     *******
      *****
       ***
        *
```

7. 输出九九乘法表。
8. 已知如下分段方法,给定 x 的值,求解 y 的值。

$$y = \begin{cases} 3+x & (x<-3) \\ 2x & (-3 \leqslant x<2) \\ x^2 & (2 \leqslant x<15) \\ x^3-x^2 & (x \geqslant 15) \end{cases}$$

第 3 章 方法和数组

程序中用到的数据可以被共享使用,它不仅节省了存储空间,还有利于数据的逻辑处理。如果一段代码能够反复使用,不仅代码量减少了,出错的机会也少了,更重要的是程序简洁了,程序的逻辑组织更灵活、后期维护也更容易了。

现实中的复杂问题往往需要分解为不同的小问题才便于解决,小问题可能需要进一步分解为更小的问题,如果把解决小问题的程序设计为相对独立且具有一定联系的子程序模块,则解决复杂问题的程序就转化为这些子模块程序的逻辑组合。由于这些子程序独立性强,而且可以被多次使用,因此代码的共享程度得到提高。

在 Java 中采用方法的方式来组织这些子程序段,但在 C 语言中称为过程或方法,它们是同等的概念。Java 中的方法是被封装在类中的,同数据变量一起作为类的成员,这正是面向对象的特性表现。

程序中数据的访问通过类成员变量来实现,如果数据量很庞大,变量的命名定义也势必繁杂,Java 中使用一种复合类型,即数组来组织、使用同类型数据,这些数据使用相同的名称,通过下标来访问每一数据元素。本章主要介绍方法和数组的概念、定义及其应用等相关内容。

3.1 方法

3.1.1 目标

掌握 Java 方法的概念以及方法的定义与调用,掌握方法之间的参数传递方式,了解方法内部的变量的作用范围,能够根据问题的实际需求,应用所学知识设计适当的方法程序解决实际问题。

3.1.2 情境导入

在第 2 章的实例中曾经求解过阶乘的问题,利用循环控制结构即可轻松实现。但如果想同时求解不同数值的阶乘,则相同的代码段就需要多次出现,而且其他程序也将无法直接引用这部分代码,显然这样的代码设计不具有共享性。

从前面的实例程序可以发现,当使用 Java 提供的类库功能时,只须在程序文件的头部，使用 import 语句即可将系统提供的包引入当前文件，包中的每一个类都可以多次使用，程序实现方式非常简洁、灵活。Java 中的方法是由具有独立功能的子程序段所形成的一个功能模块，连同程序中需要使用的变量被封装在类中，在类实例化为具体对象时，即可访问这些方法，从而完成特定的逻辑功能。方法可以直接访问类对象内部的变量，避免外部程序对类内变量的直接访问，使数据的安全性得以提高。

下面以对 1!+2!+3!+…+10! 的求解的案例来学习 Java 方法的定义形式以及调用方式。

3.1.3 案例分析

该问题从表面上看，只是一个求和的问题，但在求和之前必须求解每一个被加数的值。该值是一个阶乘积，需使用循环求积的语句来求解。由于每一个被加对象都需要求积，所以可以把求阶乘的程序代码独立为一个模块，以方法的形式封装在类中，当需要时可直接被其他方法调用。方法之间的信息交流可通过参数来实现，在设计具体方法时，要定义形参的数量与类型；调用方法时，传递等量的数据，并确保传递的实参与形参的类型一致。

方法是独立程序段的一种组织方式，由于求解问题的功能需求不同，有的方法只是问题求解过程的功能实现，不需要返回值；有的方法则需要将处理后的结果返回到主调方法，所以方法的返回值类型的定义也是必需的。本例是具体数值的阶乘积求和，阶乘积设计为独立的方法，方法内需要主调方法传递的数据，计算后的结果需要返回到主调方法，所以该方法需要设计适当的参数列表以及方法的返回值类型。从问题的形式可以看出，阶乘积的求解只需给定一个确定的数，方法内将从数值 1 一直累乘到该数即可求得该数的阶乘积，所以方法的参数列表只须设计一个形参变量。阶乘积是一个比较大的数据，为了避免数据溢出，可将方法的返回值类型定义为 long 型或 double 型。

3.1.4 案例实施

根据上面的分析将程序设计为两个方法，即主方法 main() 和求阶乘的方法 sumfactorial()。每个方法都会有自己的变量，主方法 main() 调用执行 sumfactorial() 方法。需要注意的是，一个方法被另一个方法调用之前，这个方法必须存在，程序代码如下：

```java
//案例 3.1：阶乘和
//SumOfFactorial.java
package ch03.project;
import java.io.*;
public class SumOfFactorial{                          //定义 SumOfFactorial 类
    static long sumfactorial(int n){                  //定义求解 n!的方法
        long s;
        int i;
        s=1;
        for(i=1;i<=n;i++)                             //循环 n 次求积
            s=s*i;
        return s;                                     //返回阶乘结果
```

```
        }
        public static void main(String args[]){                    //主方法
            long sum;
            int n,i;
            sum=0;
            for(i=1;i<=10;i++)                                     //求阶乘和
                sum=sum+sumfactorial(i);                           //调用阶乘方法求阶乘和
            System.out.println("1!+2!+…+10!的和是: "+sum);         //输出结果
        }
    }
```

程序中 sumfactorial()被定义为静态的、返回值是 long 型的方法,参数只有一个 n,属于 int 型,计算结果通过 return 语句返回。main()主方法使用 sumfactorial(i)来调用已定义的方法,将 i 的值传递给 n。主方法中每循环一次,调用一次 sumfactorial()方法,该方法求一次积,调用程序则求一次和。下面详细讲解方法的定义、调用以及变量的作用范围。

3.1.5 方法定义及其应用

在 Java 语言中,方法只能出现在类中,与数据变量一起称为类的两个构成要素。数据变量进行数据访问,方法则是对象行为的表现,实现一定的逻辑功能。方法不仅可以操作类内定义的变量,也可以与其他类的对象进行信息交流,并可以对外界传来的消息作出响应,从而完成特定的功能。

1. 方法的定义

方法的定义格式如下:

```
[<修饰符>]<返回值类型><方法名>([参数列表])[throws<异常类名列表>]
{
    <方法体>
}
```

说明:

(1) <修饰符>可以包含几个不同的修饰符,其中限定访问权限的修饰符包括 public、protected 和 private,非访问性修饰符有 abstract、static、final、synchronized 和 native,修饰符的具体应用将在后续章节学习。

(2) <方法名>是所定义方法的名称,则必须使用合法的标识符。

(3) <返回值类型>说明了方法返回值的类型,可以是任何合法有效的类型,包括创建的类的类型。Java 对待返回值的类型要求很严格,返回值必须与所说明的类型相匹配。如果方法不返回任何值,则必须声明为 void。

(4) [参数列表]是传送给方法的参数信息,列表中各元素之间以逗号分隔,每个元素由一个类型说明符和一个标识符组成,如果方法没有需要传递的参数,那么参数列表就为空。

(5) throws 是用来声明一个方法可能抛出的所有异常信息,该异常通常不用显示地捕获,可由系统自动将所有捕获的异常信息抛给上级方法。

(6)＜方法体＞表示方法实际要执行的代码段,如果方法有返回值,则在代码段中使用语句"return value;"来实现,这个值将被返回到它的调用程序。

在方法体中可以声明变量,这些变量属于局部变量,不属于类的成员变量。方法体中的代码被包含在一对花括号"{}"中,如果方法体中没有任何语句,花括号也是不可缺少的。方法将部分独立功能的代码段封装为一个整体,在需要该功能的位置,通过调用的方式使用已定义的方法,使得程序主体的设计更加简洁,功能层次更加清晰,代码的维护更加简单,而且方法可以被多次调用,代码的使用效率更加高效。

在上面的引例中,定义了一个求阶乘的方法,通过传递不同的参数就可以求解不同的阶乘积,同时将各阶乘积求和,下面通过两个实例进一步掌握方法的定义。

例 3-1 从随机产生的 3 个不大于 100 的正整数中求最小数。

代码如下:

```java
//MinofData.java
package ch03;
public class MinofData{
    static int min(int x,int y){            //求两个数中最小数的方法
        int tmp;
        if(x<y)
            tmp=x;
        else
            tmp=y;
        return tmp;                          //返回最小数
    }
    public static void main(String args[]){
        int a,b,c;
        int mindata;
        a=(int)(Math.random()*100);          //随机产生 100 以内的正整数
        b=(int)(Math.random()*100);
        c=(int)(Math.random()*100);
        System.out.println("随机产生的三个整数是:"+a+" "+b+" "+c);
        mindata=min(a,b);
        mindata=min(mindata,c);
        System.out.println("最小整数是:"+mindata);
    }
}
```

程序中方法 min()求出两个整数中的小数,需要两个整型的参数,返回值类型也是整型。它被主程序调用了两次,先求 a 与 b 的小数,将求得的小数再与 c 求小数,最后得到 3 个数中的最小数。

例 3-2 输出类似下面的图形,行数可变。

```
*
**
***
****
```

*****

代码如下:

```java
//StarLine.java
package ch03;
public class StarLine{
    static void line(int x){
        int i;
        for(i=1;i<=x;i++)                        //输出 x 个 *
            System.out.print("*");
        System.out.print("\r\n");                //输完一行 * 后换行
    }
    public static void main(String args[]){
        int n;
        int k;
        n=(int)(Math.random()*10);
        for(k=1;k<=n;k++)
            line(k);
    }
}
```

程序中,方法()line 没有返回值,不需要使用 return 语句。每调用一次该方法将输出 x 个"*",x 的值来自调用程序中的变量 k。k 的范围为 1~n,当 n 为 0 时,方法 line 不被调用,程序也就不输出"*"。

2. 方法的调用

Java 语言中方法不允许嵌套定义,方法间是平行的关系,但方法间的调用允许嵌套,一个方法的定义中也可以调用另一个方法,上面的例子已经给出了方法的部分调用方式,一般方法的引用格式为:

成员方法名(实参列表)

由于方法的功能不同,其引用位置有所不同,分为以下几种方式。

(1) 采用方法表达式的方式。这种方式的使用形式如例 3-1,方法是作为表达式的一部分,这种方式要求方法具有返回值。

(2) 采用方法语句的方式。这种方式如例 3-2 的使用形式,方法后面直接跟随分号,转变为一条语句。方法没有返回值时采用这种方式。

(3) 采用方法参数的方式。也就是说,一个方法作为另一个方法的参数被引用。将例 3-1 中的程序代码:

```
mindata=min(a,b);
mindata=min(mindata,c);
```

修改为:

```
mindata=min(min(a,b),c);
```

此时方法 min(a,b)作为方法 min()的一个参数,这属于方法自己调用自己,但由于传递的参数不同,执行结果也不同。程序执行时首先调用外层的 min()方法,但遇到内层的 min()方法时,立即将执行权交给内层的 min()方法,所以程序首先求出 a 与 b 的最小数,将该数返回作为外层 min()方法的第一个参数,然后求出该最小数与 c 的最小数,最后将求得的最小数赋给变量 mindata。如果程序代码进一步修改为:

```
System.out.println("最小整数是："+min(min(a,b),c));
```

则 min()方法作为 println()方法的参数被调用,此时可减少变量 mindata 的使用。在这种方式下要求方法应有返回值。

(4) 通过对象来引用。这种方式曾在第 1 章的引例中出现过,采用"对象名.方法名"的方式来调用,如 g.drawString(),细节将在后续章节中学习。

方法被定义在类中,当方法被另一个方法调用时,这个方法必须存在,但不是所有存在的方法都可以被调用。如果这个方法存在于一个类中,在类中的其他方法可直接调用。如果在一个文件中有多个类,某个类中的方法能否被本文件中其他类中的方法调用,需要考虑类的修饰符与方法的修饰符,详细内容将在后续章节学习。如果被引用的方法属于 Java 类库的方法,则需要使用语句 import 将类库中的方法引入到当前文件,比如在第 1 章设计 Applet 程序中,用到方法 drawString()来显示字符串,需要使用语句"import java.awt.*;"引入 Java 类库中的 Graphics 类,drawString()方法就属于该类。如果当前文件引用的是其他文件中自定义的方法,则需要通过加载包的方式来使用,详细内容将在后续章节中学习。

3. 参数传递

在前面的例子中,用到的方法有的有参数,如求最小数,有的没有参数,如输出星号。分别称为有参方法和无参方法,在有参方法中,用到的参数列表属于该方法的变量,称为形参。当该方法被其他方法调用时,传递给该方法的参数称之为实参。此时实参的值传递给形参,在 Java 中,传递参数的方式属于"按值传递",实参只是将副本传给了形参,由于实参与形参使用不同的存储空间,所以形参的改变不影响实参。

例 3-3 利用方法交换两个数。

代码如下:

```
//SwapTest.java
package ch03;
public class SwapTest{
    static void swap(int a,int b){
        int tmp;
        System.out.println("swap方法内部两数交换前的值"+a+","+b);
        tmp=a;                                              //交换两个数
        a=b;
        b=tmp;
        System.out.println("swap方法内部两数交换后的值"+a+","+b);
    }
    public static void main(String args[]){
        int a,b;
        a=5;
```

```
            b=20;
            System.out.println("主方法内两数交换前的值"+a+","+b);
            swap(a,b);                                    //调用交换方法
            System.out.println("主方法内两数交换后的值"+a+","+b);
        }
    }
```

程序的运行结果如下：

主方法内两数交换前的值 5,20
swap 方法内部两数交换前的值 5,20
swap 方法内部两数交换后的值 20,5
主方法内两数交换后的值 5,20

从上面的结果可以发现 swap()方法不能将主方法中的两个数交换,虽然 main()方法与 swap()方法都使用了相同的变量 a 与 b,但它们是不同的,就像在两个班级都有一个名叫张三的同学,他们是不同的个体对象。swap()方法中的变量 a 与 main()方法的 a 使用不同的存储空间,但获得 main()方法中与 a 相同的值,改变内部的 a 不影响外部的 a,b 也是同样的道理,所以外部 a、b 的值没有发生改变。

当一个方法被引用时,需要注意以下几点。

(1) 对于有参方法,实参的数量、数据类型、参数顺序必须与形参的数量、数据类型、参数顺序一致,多个参数之间用逗号分隔,实参与形参的名称可以相同,也可以不同,它们都属于不同的方法。

(2) 实参可以是变量、常量、表达式,当方法被调用时,是将表达式的计算结果传递给形参,此时需要注意计算结果的数据类型应与形参的数据类型一致。

(3) 对于无参方法,方法后面的括号不可省略。

(4) 形参只在方法被调用时才分配空间,属于方法的局部变量,只能在该方法的内部使用,一旦方法调用结束,分配给形参的空间将被系统回收,形参变量将不再存在。方法内部定义的局部变量也将消失。

3.1.6 变量的作用域

上面提到的形参变量只在方法内部有效,说明了这种变量的作用范围。在方法内部也可定义自己的变量,方法内部定义的变量称为局部变量,其作用范围与变量的定义位置有关,这种作用范围称为变量的作用域,当方法调用结束,这些变量会自动释放。方法内部定义的变量不能加修饰符,而且在使用前必须赋值,否则会出现编译错误。不同的方法可以使用同名的变量,它们代表不同的对象,分配有不同的内存空间,互不干扰。另外,在复合语句中也可以定义变量,该变量的作用域只在复合语句内部有效,该变量不能与该方法内部的其他变量同名。

例 3-4　求出 100 以内的所有素数,每行显示输出 10 个。

代码如下:

```
//PrimeNumber.java
package ch03;
```

```java
public class PrimeNumber {
    static boolean prime(int a){
        int tmp;
        tmp=(int)Math.sqrt(a)+1;
        for(int i=2;i<tmp;i++)
            if(a% i==0)              //能被某个数整除说明不是素数,返回 false
                return false;
        return true;
    }
    public static void main(String args[]){
        int i;
        int num=0;
        for(i=2;i<100;i++)
            if(prime(i)){            //如果是素数则做相应处理
                System.out.print(i+" ");
                num++;
                if(num% 10==0)       //每行输出 10 个后换行
                    System.out.println("");
            }
    }
}
```

程序的运行结果如下:

2 3 5 7 11 13 17 19 23 29
31 37 41 43 47 53 59 61 67 71
73 79 83 89 97

方法 prime()有 3 个变量,其中 a 属于形参变量,其作用域在整个 prime()方法内有效,变量 tmp 的作用域从定义位置起到 prime()方法结束。而变量 i 属于循环语句 for 内部的变量,其作用域只在 for 循环体内部有效,与 main()方法中的变量 i 同名,但不是同一个对象。main()方法中的变量 i 的作用域是整个 main()方法。

本例中用到的变量都属于局部变量,在下一节会用到另外一种变量,就是类成员变量,这种变量的作用域是在这个类内有效,类中的所有方法可以直接引用,还有一种变量就是静态变量,在变量的声明前使用关键字 static,这两种变量会在后续的章节中学习。

3.1.7 自主演练

1. 演练任务:求两任意整数的最大公约数

如果一个自然数 a 能被自然数 b 整除,则称 a 为 b 的倍数,b 为 a 的约数,对于两个整数来说,最大公约数是指两个数共有约数(即因子)中最大的一个。此外,两数的最小公倍数是指该两数共有倍数中最小的一个。

2. 任务分析

设给定的两个自然数分别是 a 与 b,为了便于分析问题,让 a 大于 b,如果 a 小于 b,可以使用交换语句使得 a 大于 b。在特殊情况下,如果 a 能被 b 整除,则 a 与 b 的最小公倍数就是 a,最大公约数就是 b。如果 a 不能被 b 整除,则最大公约数的范围为 1~b,最小公倍数的范围是 a~a*b。

首先分析最大公约数的解决办法。设定另外一个量 k,如果 a、b 都能被 k 整除,说明 k 就是一个公约数。为了确保 k 是最大的,k 的初值应该为 b,然后让 k 逐步减 1,直到 a、b 都能被 k 整除,此时找到的 k 就是最大公约数。这种方法可以实现,但效率不是很高。另外一种方法是使用辗转相除法。当 a 不能被 b 整除时,a 与 b 存放新的数值,a 存放 a 与 b 的余数,b 存放原先 a 的值。然后再判断 a 是否能被 b 整除,如果能整除,说明 b 就是它们的最大公约数,如果不能整除,重复上面的操作,直到能整除为止。如果 a 与 b 是素数,则它们的最大公约数是 1。按照这种方法解决该问题的效率最高,同样也需要另外一个辅助变量,该变量用于保存余数,以便改变 a 和 b 的值。

主方法设计两个变量 x、y,用于获取键盘输入的自然数,设计方法 minmultiple() 求解它们的最小公倍数,方法 maxdivisor() 求解它们的最大公约数。在主方法中可以直接调用这两个方法输出所求结果。如果输入的自然数比较大,此时变量的类型可以设计为 long 型,可以使用 Scanner 类中的 nextLong() 方法读取键盘输入的数据,如果设定的类型是 int 型,则可使用 nextInt() 方法。

方法 maxdivisor() 需要设定两个形参 a、b,形参类型应与实参类型一致,在方法内部设计一个辅助变量 tmp,利用选择语句确保 a 大于 b,辅助变量 tmp 赋值为 b,使用循环控制流程进行余数为 0 的判断。方法 minmultiple() 的设计与 maxdivisor() 类似。

3. 注意事项

(1) 3 个方法中变量的类型要保持一致,同时注意方法的返回值类型。

(2) 方法 minmultiple() 和方法 maxdivisor() 使用的修饰符要与主方法的 static 保持一致。

(3) 程序中读取键盘数据的方法只能接收整数,如果输入字符,程序因出错而结束,解决的方法是使用 try...catch 语句捕获异常,并做出处理。

(4) 辅助变量的变化范围和增减方向不同,辅助变量的变化步长不同,程序执行效率也不同。

4. 任务拓展

求两任意整数的最小公倍数。

a、b 的最大公约数与最小公倍数之间有一个关系,即最小公倍数=a*b/最大公约数,所以在求得最大公约数后,就可以求得最小公倍数。另外一种解决方法是借助一个辅助变量 m,m 的初值给定为 a,即 a、b 两数的最大数,让 m 在 a~a*b 的范围内变化,当 m 能同时被 a 和 b 整除时,说明 m 就是它们的最小公倍数,m 的变化步长为 a,确保 m 总能被 a 整除,然后判断是否能被 b 整除即可,如果步长为 1 也可以找到,但效率最低。

方法 minmultiple() 的第 1 种设计:

```
static long minmultiple(long a,long b){
    long tmp;
    if(a>b){
        tmp=a;
        a=b;
```

```
        b=tmp;
    }
    tmp=b;
    while(b% a!=0)
        b=b+tmp;
    return b;
}
```

方法 minmultiple() 的第 2 种设计:

```
static long minmultiple(long a,long b){
    return a * b/maxdivisor(a,b);
}
```

3.2　数组

3.2.1　目标

掌握复合数据类型数组的概念,掌握一维数组与二维数组的定义及使用,能够熟练地对数组中各元素进行访问与处理,理解排序等实例的算法分析,能够应用数组对同类数据进行相关操作。

3.2.2　情境导入

在第 2 章中使用 3 个变量对 3 个数进行了排序操作,用到了分支控制结构 if 语句,实现起来比较简单,逻辑思路比较清晰。但如果对大量数据进行排序操作,比较 3 个数使用 3 个 if 语句,如果比较 4 个数,则需要 6 个 if 语句。以此类推,如果比较 100 个数,则需要 4950 个 if 语句,应用起来势必复杂,可行性较差,而且变量的命名也将是个极大的考验,程序将臃肿不堪。所以需要用一种新类型来解决变量的使用问题,用先进的算法来解决单一反复比较的形式。

Java 语言提供了复合类型数组,它是多个有序数据元素的集合,只定义一个名称表示数组名,用下标来指向要访问的数组元素,名称和下标唯一确定一个数组元素,所有的元素都属于一种数据类型。所以两个数的比较就变为同一个名称不同下标所指的两个数组元素的比较,如果下标使用变量形式,则任意两个数的比较就转变为两个形式不变的数组元素的比较。只要下标变量在已有数组范围内变化,即可访问到所有的数组元素,对这样的数据操作正好使用循环控制结构来实现,相似语句的多次应用就转化为不变语句的反复使用。

下面以案例"对 100 个随机数从大到小排序"的求解过程来学习 Java 的数组定义以及它的使用方式。

3.2.3　案例分析

数据排序时需要对两个数进行大小比较,当条件满足时,两个数要进行交换,不满足时不交换,程序执行最差的情况是比较一次就要交换一次,但交换后的位置并不是这个数的最终位置。例如,对 1、2、3 进行从大到小排序,1 与 2 比较后要交换,序列变为 2、1、3,这时 1 所在的位置不在最后,所以需要再次交换。显然数据很多时,这种无效的交换将浪费大量时间及资源。

如果从这个序列里找到最大数 3,直接与第一个位置的 1 交换一次就可一步到位,排序效率明显提升,这种算法就是选择算法。该算法的核心就是第一轮找一个最大(小)数,将其交换到数据序列的第一个位置,然后下一轮再从剩余的数中找一个最大(小)数,再将其交换到数据序列的第二个位置,重复这样的操作,直到只剩下最后一个数,此时这列数就变成了从大到小(从小到大)的序列。

任意两个数的比较交换使用 if 语句来完成,在形式上可以使用 a[i]、a[j] 来表示两个不同的变量,它们可以分别保存不同的数据,而 i 与 j 又是变量,这样 a[i] 与 a[j] 就可代表任意一个需要访问的数组元素,灵活体现了以不变应万变的策略。

3.2.4 案例实施

为了体现程序实现的简单性与灵活性,排序的 100 个数将随机产生,数组的数据类型定义为 int 型,数据的生成、排序、输出分别设计为独立的方法,通过主方法调用来完成排序的任务,具体代码如下:

```java
//案例 3.2: 数字排序
//Sort.java
package ch03.project;
import java.io.*;
public class Sort{
    static int a[]=new int[100];                    //数组定义并初始化
    static void databuild(){                        //定义数据生成方法
        int i;
        for(i=1;i<100;i++)
            a[i]=(int)(Math.random() * 100);        //随机产生 100 个 100 以内的整数
    }
    static void dataout(){                          //定义数据输出方法
        int i;
        for(i=0;i<100;i++){
            System.out.print(a[i]+" ");
            if((i+1)% 10==0)System.out.print("\r\n");  //一行输出 10 个数后换行
        }
    }
    static void datasort(){                         //定义数据排序方法
        int i,j,k,tmp;
        for(i=0;i<99;i++){
            k=i;                                    //默认第 i 轮第 i 个数是要找的数
            for(j=i+1;j<100;j++)                    //从 i+1 个数开始查找
                if(a[j]<a[k])                       //未比较的数 a[j] 与找到的数 a[k] 比较
                    k=j;                            //k 保存新找到数 a[j] 的下标 j
            if(k!=i) {                              //找到的数不是最初默认的数时进行交换
                tmp=a[i];
                a[i]=a[k];
```

```
                a[k]=tmp;
            }
        }
    }
    public static void main(String args[]){
        databuild();                    //生成 100 个数
        dataout();                      //输出生成的 100 个数
        datasort();                     //对 100 个数进行从小到大排序
        dataout();                      //输出排序后的 100 个数
    }
}
```

程序中定义了一个类成员数组变量 a,定义的同时使用 new 关键字对其进行了初始化,这个数组可以被 Sort 类中的 4 个方法共享使用,类成员变量的细节内容将在第 4 章学习。

databuild()方法通过 for 循环控制语句为这个数组赋初值,数组元素的值使用 Math.random()方法随机产生。

datasort()方法对数组 a 中的数据进行排序,需要注意数据的访问方式属于间接方式。首先访问的是数组的下标变量,然后通过下标变量访问该下标所指数组元素的值。查找数据时,用变量记录了数据在数组中的下标位置,比较时改变的是下标变量的值,数据元素的值没有交换,直到找到后才将数组元素的值交换到需要放置的位置。在交换前使用 if 判断语句判断默认的数是否就是要找的数,如果是则不需要交换,否则进行交换操作。

dataout()方法用于输出数组中的数据,输出格式上限定了每行输出 10 个数。

3.2.5 一维数组

1. 一维数组的定义与初始化

上面的程序使用的就是一维数组,数组的声明确定了数组的名称、数据类型以及维数,使用方括号"[]"作为数组的标识,以示与普通变量相区别。方括号的个数说明了数组的维数,数组的命名规则与普通变量一样,都要求是合法的标识符。数据类型表明数组中所存数据的类型,数组中的所有元素都必须是相同的类型。一维数组的定义格式如下:

  类型说明符　数组名称[];

或

  类型说明符 [] 数组名称;

其中,类型说明符可以是 Java 中任意的数据类型,包括基本类型和复合类型,如 int、char、class、interface 等,"[]"指明该变量是一个数组类型变量。例如:

  int num[];
  double [] sum;

数组声明时并没有指定数组元素的个数,只分配一个内存单元表明数组在内存中的实际位置,此时数组的值是空(null)。因此,数组在使用前必须说明其个数,并进行相应的初始化。初始化有两种方式,一种是定义数组的同时直接进行初始化,给定数组元素具体的值,例如:

```
int stu[]={1,3,5,7,9};
```

该数组声明语句说明数组的类型是 int 型,花括号("{}")中间的数就是为数组 stu 提供的初始值,数据之间用逗号分隔,该数组元素的个数是 5 个。Java 中数组的下标是从 0 开始的,所以 stu[0]是数组的第一个元素,它的值是 1,stu[4]是数组的最后一个元素,它的值是 9。在 Java 中,数组的个数一旦确定,其长度不允许再改变。

另一种初始化方式是使用关键字 new,这种方式只是声明了数组的长度,并为数组分配该长度的连续存储空间,数组元素的值设定为默认值,如表 3-1 所示,定义格式如下:

类型说明符 数组名称[]=new 类型说明符[数组长度]

或

类型说明符 [] 数组名称=new 类型说明符[数组长度]

new 后边的类型说明符必须与数组名前面的类型说明符一致,它们可以是 Java 的任意类型,数组长度说明数组的元素个数,数组的下标范围是 0 加数组长度-1。

表 3-1 new 初始化数组元素的默认值

类 型	默认初始值	类 型	默认初始值
字符型(char)	'\u0000'	浮点型(float、double)	0.0
布尔型(boolean)	false	类对象	null
整数型(int、long)	0		

上例用到的数组 a 就是这种方式,只声明数组 a 有 100 个元素,默认值都是 0,通过 databuild()方法将数组 a 中各数组元素赋值为指定的数据。

使用 new 关键字的另外一种形式是定义完数组后,使用专门的语句说明数组的个数,格式如下:

```
类型说明符数组名称[];
数组名称=new 类型说明符[数组长度];
```

或

```
类型说明符 [] 数组名称;
数组名称=new 类型说明符[数组长度];
```

第一条语句是定义数组,第二条语句是说明数组的长度,两条语句中的数组名称要一致,类型也要一致,例如:

```
float b[];
b=new float[20];
Point student[];                        //定义 Point 类对象数组
```

```
student=new Point[12];
```

2. 一维数组的使用

声明了数组以后,程序中就要使用该数组,数组元素的引用是通过数组名称和下标共同来完成的,引用的格式如下:

数组名称[下标]

上例中定义 b 数组有 20 个元素,b[2]就是引用数组 b 的第三个数组元素。语句"b[2]=5;"就是将数值 5 赋予第三个数组元素,如果使用语句"System.out.println(b[1]);",则将数组 b 的第二个元素的值输出显示到屏幕。

Java 语言使用数组时都要进行越界检查,如果访问上例的 b[20]则会发生越界,系统会给出 ArrayIndexOutOfBoundsException 的错误。

例 3-5 从给定的 10 个数中查找的最小数,输出所有的最小数以及在数列中的位置。

```
//MinData.java
package ch03;
import java.io.*;
public class MinData{
    public static void main(String [] args){
        int data[]={12,5,2,1,87,1,7,9,3,6};      //定义 int 型数组 data,并赋初始值
        int i,min;
        min=data[0];                             //默认数组的第一元素就是最小数
        for(i=1;i<10;i++)                        //与剩余元素比较,查找最小数
            if(min>data[i])
                min=data[i];
        System.out.println("给定数列:");
        for(i=0;i<10;i++)
            System.out.print(data[i]+" ");
        System.out.print("\n");
        System.out.println("最小数是:"+min);
        System.out.print("在数列中的位置是:");
        for(i=0;i<10;i++)
            if(min==data[i]){
                System.out.print((i+1)+" ");
                //break;                         //输出第一个最小数后结束循环
            }
    }
}
```

程序的运行结果如下:

给定数列:
12 5 2 1 87 1 7 9 3 6
最小数是:1
在数列中的位置是:4 6

给定数列的第 1 个数在数组 data 中对应的下标 i 是 0,那么找到的最小数在数列中

的位置应该是i+1。如果只查找输出第一个最小数,则将程序中注释语句"//break;"的注释符号去掉即可。

3.2.6 多维数组

在Java中不提供多维数组这样的明确结构,只有一维数组,多维数组实际上是在一维数组的基础上嵌套定义形成,如果一维数组的数组元素也是一个一维数组,那么该数组在概念上就称为二维数组,数组元素继续多次嵌套定义的话就形成了多维数组,在形式上会看到有多个"[ ]"标识。本节主要讲解二维数组。

由于二维数组是在一维数组的基础上形成的,所以其定义类似于一维数组,定义格式如下:

类型说明符　数组名称[ ][ ];

或

类型说明符　[ ][ ] 数组名称;

或

类型说明符　[ ] 数组名称[ ];

例如:

```
int matrix[ ][ ];
float [ ][ ] score;
```

二维数组是一维数组的一维数组,它有两个方括号,对应两个下标,第一个下标一般称为行下标,第二个下标称为列下标,数组名、行下标与列下标共同唯一确定一个数组元素。

二维数组的初始化类似于一维数组,定义时直接赋初值进行初始化,也可以使用new关键字为二维数组的数组元素分配空间,给定默认初始值。例如:

```
int matrix[ ][ ]={{2,3},{4,5,8},{6,7,9,8}};
float [ ][ ] score=new float[2][4];
double  pointXY [][]=new double[2][];
pointXY[0]=new double[3];
pointXY[1]=new double[4];
```

其中,matrix包含3个一维数组,第1个一维数组有2个元素,第2个一维数组有3个元素,而第3个一维数组有4个元素。在Java中,由于二维数组在存储空间分配上不是连续的,所以每一维的数组大小可以不一样,数组元素的空间分配总是从高维开始,逐步到低维。score包含2个一维数组,每个一维数组都有4个元素。

对二维数组的访问操作一般会使用双重循环,但必须注意,对每一维的访问都不能超出定义范围,否则会出越界错误信息。例如下面的程序段:

```
int matrix[ ][ ]={{2,3},{4,5,8},{6,7,9,8}};
int i,j;
```

```
for(i=0;i<3;i++){
    for(j=0;j<4;j++)
        System.out.print(matrix[i][j]+" ");
    System.out.print("\n");
}
```

程序执行时会出现"ArrayIndexOutOfBoundsException"的错误,原因是列下标变量 j 的访问范围超出了 matrix 的第 1 个一维数组的长度 2。

在 Java 语言中,Java 数组有一个公有变量 length,它表示数组的长度,即数组中数组元素的总数,使用时采用"数组名.length"的格式。任何数组在创建时被分配内存单元后,length 值将不能被程序改变,它是一个只读变量。所以,在 0～length 范围内访问数组元素,可以避免越界的问题。上面的代码修改为:

```
int matrix[ ][ ]={{2,3},{4,5,8},{6,7,9,8}};
int i,j;
for(i=0;i<3;i++){
    for(j=0;j<matrix[i].length;j++)
        System.out.print(matrix[i][j]+" ");
    System.out.print("\r\n");
}
```

例 3-6 输出 5×5 方阵中下三角元素的值。

```
//MatrixExp.java
package ch03;
import java.io.*;
public class MatrixExp{
    public static void main(String [] args){
        int []Matrix[]=new int[5][5];              //定义二维数组
        int i,j;
        for(i=0;i<5;i++){
            for(j=0;j<5;j++){
                Matrix[i][j]=(int)(Math.random()*20);   //将随机数赋给二维数组
                if(i>=j)                                 //判断是否是下三角的数
                    System.out.print(Matrix[i][j]+" ");
            }
            System.out.print("\r\n");
        }
    }
}
```

在一个方阵中有主对角线、辅对角线、上三角和下三角,它们的判断条件分别是"i==j"、"i+j==二维数组的长度-1"、"i<=j"、"i>=j",其中 i 与 j 是二维数组的下标变量。

3.2.7 字符数组

上面的实例主要讲解了数值数组的定义及其应用,而字符数组的特性与数值数组的特性是相同的,只是数组元素都是字符类型,字符数组在定义的同时也可以被初始化,如:

```
char []ch={'J','a','v','a'};
char [][]test;
test=new char[2][2];
test[0][0]='J';
test[0][1]='a';
test[1][0]='v';
test[1][1]='a';
```

其中字符数组 ch 属于一维数组，ch[0]的值是'J'，ch[1]的值是'a'。test 数组是二维字符数组，使用关键字 new 说明其为两行两列的数组，数组元素的值采用直接赋值的方式。如果数组元素所赋的值具有一定规律，可以使用循环控制结构，在下标变量遍历访问各数组元素的同时将其赋值。

字符数组具有不同于数值数组的使用方式，比如输出上面字符数组 ch 和 test 的值可以使用如下语句：

```
System.out.print(ch[0]);
System.out.print(ch[1]);
System.out.println(ch[2]);
System.out.println(ch);
System.out.println(test[0]);
System.out.println(test[1]);
```

代码执行后输出的结果如下：

```
Jav
Java
Ja
va
```

但不可使用语句"System.out.println(test);"，原因是二维数组只是概念上的说法，它是一维数组的一维数组，只有一维数组的存储空间是连续的，数组名表示地址空间的首地址。对于一维字符数组来说，通过首地址即可访问所有字符数组元素的值，而数值数组只能单个访问。例如，下面的语句不能正确输出所有数值数组元素的值。

```
int []t={1,2,3,4};
System.out.println(t);
```

例 3-7 随机给定一个字符串，统计字符的个数。

代码如下：

```
//CountCharacter.java
package ch03;
public class CountCharacter{
    static int lengthchar(char str[]){
        int i,num;
        for(i=0;str[i]!='\0';i++)
            ;
        return i;
    }
```

```java
    public static void main(String args[]){
        int k,j;
        char a[]={'a','r','5','y','i','\0'};
        char b[];
        System.out.println("数组 a 的长度"+a.length);
        System.out.print("字符串 ");
        System.out.print(a);
        System.out.println(" 有 "+lengthchar(a)+" 个字符");
        k=(int)(Math.random() * 10000);
        b=new char[k];
        for(j=0;j<k-1;j++){
            b[j]=(char)(Math.random * 127);
            if(b[j]=='\0') break;}
        if(j==k-1) b[j]='\0';
        System.out.print("字符串 ");
        System.out.println("数组 b 的长度"+b.length);
        for(j=0;b[j]!='\0';j++)
            System.out.print(b[j]);
        System.out.println(" 有 "+lengthchar(b)+" 个字符");
    }
}
```

程序中将字符串保存在字符数组中,其中字符数组 a 保存了一个确定数量的字符串,在定义字符数组的同时给定了初值,字符内容不变。字符数组 b 是一个不确定大小的字符数组,而且存储的字符个数及字符内容也是不确定的,都由随机方法产生。为了便于字符的比较判断,将字符数组的最后一个数组元素赋值为'\0',当判断当前字符是'\0'时,说明数组中的字符已经统计完毕,字符个数的统计功能由方法 lengthchar()来完成。

字符数组 b 的生成过程是先确定数组 b 的大小,由语句"b=new char[k];"来完成,b 数组保存的字符元素由语句"b[j]=(char)(Math.random() * 127);"实现。如果随机产生的字符是"\0",则意味着字符串产生完毕,程序将退出 for 循环,此时字符数组中字符的个数小于数组的长度。如果随机产生的字符没有"\0",则字符数组 b 中将保存 k−1 个字符,最后一个数组元素保存的字符是"\0",由语句"b[j]='\0';"来完成。

字符数组 a、b 内容的输出有所不同。数组 a 是确定的,可以直接使用数组名 a 来访问其所有内容。数组 b 的内容多少不确定,需要输出数组中的有效字符,所以就不能直接通过数组名 b 来访问,而是通过循环控制结构。如果当前输出的是字符"\0",说明数组中的有效字符输出完毕。

语句"System.out.println("数组 b 的长度"+b.length);"中的 b.length 可获得数组 b 的长度,即可存放数组元素的个数,length 可以说是数组的一个属性,而不是方法。

在这个例子中,方法 lengthchar()使用的形参与实参显然不同于前面的例子,使用的参数不是普通的一个量,而是一个数组。在 Java 中一个方法调用另一个方法,信息的传递通过实参传值给形参,需要的信息越多,需要使用的参数也会越多,程序的复杂程度就会增加。但当所需信息数量不确定时,将无法确定方法的参数个数,本例就是这种情况。

字符个数不确定,定义方法的参数数量就不能确定,所以需要考虑其他方法。数组是同类型数据的有序序列,数组名是这个数据集合的首地址,所以可以通过首地址找到所需的所有字符,这样就间接地传递了大批量的数据。数组名作为传递的参数,传递的方式依然是值传递,只不过这个值是数组的首地址。与普通变量不同的是,形参与实参占用不同的存储空间,它们互不干扰,但对于数组作为参数来说,形参与实参数组使用同一地址的存储空间,只是在两个方法中数组名不同而已,当然也可以使用相同的数组名称。在这种情况下,被调方法如果改变了数组元素的值,则在主调方法中再使用数组元素的值时,该值是改变以后的值,所以形参会影响实参的值。这与引例中对数组内容的使用方式略有不同,但它们都是方法间数据传递的渠道,要针对不同的问题去合理使用,尽量避免它们可能产生的副作用。

字符数组用于存放多个字符,它的数据类型是 char 型,而在实际应用中,经常会用到字符串,如"Hello world",它是由一对双引号括起来的字符序列,为了便于字符串的操作,在 Java 中将其视作对象,通过 String 和 StringBuffer 两个类来存储、操作。

双引号括起来的字符序列就是字符串常量,字符串变量是 String 或 StringBuffer 类型的变量来表示代表字符串常量。下面介绍几种常用的字符串变量的创建方式。

(1) 字符串常量直接赋值给字符串变量

```
String str0="hello";
String str1="he"+20;                        //str1 的结果为字符串"he20"
```

(2) 由一个字符串创建字符串变量

```
String str2=new String("university");
String str3=new String(str2);
```

(3) 由字符数组创建字符串变量

```
char name[]={'z','h','a','n','g'};
String str4=new String(name);
```

(4) 由字节型数组创建字符串变量

```
byte bytes[]={65,66,67};
String str5=new String(bytes);
```

3.2.8 自主演练

1. 演练任务:求 Fibonacci 数列

13 世纪意大利著名数学家斐波那契(Fibonacci)在他的著作《算盘书》中记载着这样一个问题。

一对刚出生的幼兔经过一个月后可长成成兔,成兔再经过一个月后可以繁殖出一对幼兔。假设兔子不会死亡,问一年后总共有多少对兔子?

本题要求使用数组保存一年内每个月的兔子对数,并显示一年内每个月的兔子数。

2. 任务分析

根据题意可知第一个月只有一对幼兔,第二个月只有一对成兔,在第三个月时,这对成兔生育了一对幼兔,变为 2 对兔子。第四个月成兔生育一对幼兔,上月的幼兔成长为成兔不能生育,此时共有 3 对兔子。以此类推,假设在 n 月有新生及可生育的兔子总共 a 对,$n+1$ 月就总共有 b 对。在 $n+2$ 月必定总共有 $a+b$ 对,因为在 $n+2$ 月的时候,所有在 n 月就已存在的 a 对兔子皆已可以生育并生下 a 对后代,同时在前一月($n+1$ 月)的 b 对兔子中,在当月属于新诞生的兔子尚不能生育。由此得到这样的数列:

1,1,2,3,5,8,13,21,34,55,89,144,233,377,610,987,…

在数学上,可以用递归的方法来定义这个数列:

$$F_1 = 1$$
$$F_2 = 1$$
$$F_n = F_{n-1} + F_{n-2}$$

本题需要求解一年内每个月的兔子数并存储,如果使用简单变量来保存,显然至少需要 12 个,如果求解更多个月的兔子数,需要的变量更多,计算过程如下:

$$F_1 = 1$$
$$F_2 = 1$$
$$F_3 = F_2 + F_1$$
$$F_4 = F_3 + F_2$$
$$F_5 = F_4 + F_3$$
$$\cdots$$

显然这样的计算方式繁杂且不具有通用性,如果使用数组变量,问题的求解将变得简单灵活,能充分体现递归式子的通用性:

a[0]=1
a[1]=1
a[i]=a[i-1]+a[i-2] （i∈[2,12]）

i 作为下标变量,间接访问数组中的元素值,使用一个通用式子便可反映每个月的计算方式,完全可以使用循环流程控制求解不同月份的值,程序将变得更加简单。

设计数组变量 a 有 12 个元素,循环变量 i,i 可以作为数组的下标变量来访问指定的数组元素,初始化数组前两个元素的值都是 1,循环结构可使用 for 循环,这样程序将更直观,再使用一个循环结构集中输出所求的值,也可以在求解过程中输出结果,此时需要提前输出已知的前两月的兔子数。

3. 注意事项

(1) i 作为循环变量,如果循环 10 次,i 可以从 1 变到 10,也可以从 10 变到 19,如果 i 同时作为数组的下标变量,就需要考虑访问哪些数组元素,i 的变化范围就不能随便给定,本题需要从第 3 个月开始求解,正好对于数组元素 a[2],所以 i 应从 2 变化到 11。

(2) 访问数组元素时,给定的下标不能越界,一般要限制两端,如数组元素 a[i-2],要确保 i-2>=0,数组元素 a[i] 要确保 i<12。

4. 任务拓展

（1）参照例 3-7 程序设计思路，将本题修改为求解任意个月内的兔子数问题。

（2）若一头小母牛，从第四个年头开始每年生育一头小母牛，而且母牛只生不死，按此规律，求 n 年内产生的牛数序列。

第一个问题需要根据程序运行时随机产生的整数来定义数组的数量，由于月数越大，兔子数将越大，所以必须注意数组的数据类型，应定义为 long 型，否则会发生数据溢出。

第二个问题主要是求解规律稍微有所变化，母牛从第四个年头生育，假设第 n 年有 a 头母牛，第 $n+1$ 年有 b 头母牛，第 $n+2$ 年有 c 头母牛，第 $n+3$ 年有 d 头母牛，则 $d=a+c$，第 $n+4$ 年的母牛数应该是 $b+d$。

3.3 小结

程序中引入方法后，不仅将重复出现的程序段按照功能进行了提炼，缩短了程序，而且提高了程序的可维护性，使得程序的层次结构更加清晰，程序的调试、扩充更加容易，同时也可以节省存储空间的分配和缩短程序的编译时间。本章学习了方法的定义、调用，方法中参数的传递方式以及变量的作用域。方法可以以独立语句的方式来调用，也可以作为表达式的构成部分或作为另一个方法的参数来调用。使用时需要注意方法的参数类型、数量以及方法的返回值，不同的方法定义适合不同的调用方式。注意普通变量和数组作为参数的异同，虽然传递的都是值，但具体的数值与地址值是不同的，具体的数值改变后就不是以前的值了，但地址值不变，里面保存的数据则是可变的。普通变量作为参数，实参与形参使用不同的存储单元，而数组名作为参数，实参与形参都指向同一地址单元。

方法是结构化程序设计的核心，也是面向对象程序设计的基础，所以要详细了解有关方法的概念、功能及其定义与使用。在实践中要充分使用方法的设计形式，理解结构化设计理念，为面向对象程序设计打下扎实的技术基础。

数组是同类型数据的有序集合，下标规定了数组元素的排列次序。单个数组元素的使用方式与简单变量的使用方式相同，通过下标变量访问数组元素属于间接访问方式，简单变量直接访问到的是存储单元中的数据，而下标变量先访问到的是在数组中的位置，然后才是访问到的该位置对应存储单元的数据。在使用下标变量访问数组元素时，不能越界访问，否则会出现运行错误导致程序运行中断。

一维数组在内存分配上是连续的，数组名就代表这段连续存储单元的首地址。多维数组只是概念上的说法，实际上它是一维数组的多次嵌套应用，如二维数组就是一维数组的一维数组，每一维数组的元素个数可以不同，但都不能越界访问。整个多维数组在存储单元的分配上不是一个连续空间，但每一维是连续的空间。不同类型数组的访问方式略有不同，比如字符数组，可以通过数组名访问数组中的所有元素；但数值型数组是不可以的。

习题

一、选择题

1. 设数组 Array 由以下语句定义：

   int[] a= new int[8];

   则正确表示数组的第一个元素的是(　　)。

   A. a[1]　　　　B. A[0]　　　　C. a[]　　　　D. a[0]

2. 下列关于字符串的使用中，错误的是(　　)。

   A. String str＝new String("String");　　B. String str＝"String"＋100;

   C. String str＝100;　　D. String str＝null;

3. 下列关于数组的定义形式，错误的是(　　)。

   A. int b[]; b＝new int;　　B. int c[]; c＝new int[3];

   C. int [][]a; a＝new int [2][3];　　D. int []b; b＝new int[4];

4. 下列关于数组的描述错误的是(　　)。

   A. 数组的长度通常用 length 表示　　B. 数组下标从 0 开始

   C. 数组在赋初值和赋值时都不判界　　D. 数组元素是按顺序存放在内存中的

5. 下列描述中错误的是(　　)。

   A. 在方法中，通过 return 语句返回方法的值

   B. 在一个方法中，可以执行多条 return 语句，并返回多个值

   C. 在 Java 语言中，主方法 main() 可以带有多个参数

   D. 在 Java 语言中，被调用的方法可以出现在 System. out. print() 语句中

6. 下列描述错误的说法是(　　)。

   A. 在不同的方法中可以使用不同的变量名

   B. 实参可以在被调方法中直接使用

   C. 在方法内部的复合语句中定义的变量，可以被该方法使用

   D. 方法内定义的变量只能在该方法内使用

7. 下列描述正确的说法是(　　)。

   A. 方法中使用的实参只能是变量

   B. 实参与形参使用相同的内存单元

   C. 形参只是形式上的符号，可以使用任何名称，不占用存储单元

   D. 实参可以与形参的类型、数量不同

二、判断题

1. Java 语言中的方法可在类外定义。　　　　　　　　　　　　　　　(　　)
2. 使用 new 关键字新建数组时，可以不指定数组元素的数量。　　　　(　　)
3. 在 Java 语言中，对数组的初始化只能在定义时进行。　　　　　　　(　　)
4. 说明或声明数组时不分配内存大小，创建数组时分配内存大小。　　(　　)

5. 基本数据类型的数组在创建时,系统指定默认值。　　　　　　　　(　　)
6. 在 Java 语言中,只有动态数组赋值时做越界检查。　　　　　　　(　　)
7. 在 Java 语言中,多维数组中每维的数组元素个数必须一致。　　　(　　)
8. Java 语言中的子方法被调用时,实参可以与形参的类型、个数不一致。(　　)
9. Java 语言中,如果方法的返回值类型为 double 时,则方法体中,可以不使用返回语句。　　　　　　　　　　　　　　　　　　　　　　　　　　　(　　)
10. 在 Java 语言中,字符数组赋初值时只能赋单个字符值。　　　　　(　　)
11. 语句"int ab[][]＝new int [][23];"是合法的语句。　　　　　　(　　)
12. 定义一维数组时,可使用形如"int a[3];"的语句格式。　　　　　(　　)

三、问答题

1. 方法的调用方式有几种?
2. 调用方法时,对实参有何要求?
3. 使用什么样的语句将方法的返回值返回到方法调用处?
4. 当方法没有返回值时,需要将方法定义为什么类型?
5. 在 Java 语言中,二维数组的定义形式有哪几种?
6. Java 语言为何引入方法这种编程结构?

四、编程题

1. 编写程序找出由 20 个随机数构成的数列中出现频率最高的数。
2. 编写 3 个方法分别求三角形面积、圆面积和球体积。
3. 编写一个方法判断某个整数是几位数。
4. 编写一个方法求给定字符串的字符个数。
5. 编写程序对数列 3、6、12、5、1、78、35、23 进行从大到小排序。
6. 编写程序求出给定的 10 个整数中的最大数、平均值。
7. 编写程序求 1000～2050 年之间的所有闰年。
8. 编写一个方法求解任意个学生的平均成绩。
9. 编写一个方法,将字符串中的数字字符取出并转换为整数输出。

第 4 章 面向对象程序设计

Java 是一种面向对象的程序设计语言,掌握面向对象程序设计的基本概念是学习 Java 编程的前提和基础。本章将围绕面向对象程序设计的三大特征来展开介绍:封装性、继承性、多态性。Java 程序通过类和对象来组织和构建程序,类是 Java 的核心,也是 Java 语言的基础,对类和对象的介绍即是对封装性的介绍。继承性使 Java 可实现代码重用,在此部分除了介绍继承的语法,还要讲解代码重用的其他手段以及选择。多态性的概念较为抽象,本章将以生动的例子来介绍多态性以及抽象类和接口。

4.1 对象

4.1.1 目标

通过计算平面坐标系内任意两点间距离的案例掌握对象的创建与使用,了解面向对象程序设计的特征、面向对象与面向过程程序设计的异同。

4.1.2 情境导入

本案例的目标是解决运算平面坐标系内任意两点之间距离的问题,这是一个在数学中很容易解决的问题。首先用数学的思维来考虑这个问题,即用 $A(x_1,y_1)$,$B(x_2,y_2)$ 表示这两个标点,然后分别对 4 个变量赋值,最后根据 $d=\sqrt{(x_1-x_2)^2+(y_1-y_2)^2}$ 求得 AB 之间的距离。那么用 Java 语言如何解决这个问题呢?要解决以下问题:如何描述坐标点;如何输入并存储坐标点的值;如何应用公式计算出距离并输出其结果。

4.1.3 案例分析

根据数学知识知道,描述平面坐标系内的一点通常采用它们的横纵坐标,形式如 $A(x,y)$。然而在 Java 语言中并没有一种数据类型是用来存储这样坐标点的,Java 中的类给程序员提供了方便,假设已经得到了用来存储坐标点的类 class Point,这个类中设计好了用来存储坐标点横纵坐标的变量。

任务要求定义 Point 类,那么 Point 类测距的应用还需要放到另一类中,所以再定义一个 PointsDistance 类。Point 类中除了重载的构造方法外,还需要设计测距方法。在

PointsDistance 类中定义并初始化两个点对象,点的坐标值由键盘输入。最后调用点对象的测距方法测量到另一点的距离并将其输出。

4.1.4 案例实施

Point 类的成员变量和构造方法同前面的例子,关键是设计测距方法。那么测距方法需要一个什么样的参数呢？作为一个点对象来说,它拥有自己的横纵坐标,只要再有对方的横纵坐标就能完成距离计算。如果在此方法中设计两个 double 类型参数,将来计算距离时,还须将两个参数的值传入此方法,如果将参数设计为 Point 类的一个引用,将来只须传一个参数。因此,在 distance()方法中形参设计为 Point 类引用 p,方法体中用 x、y 来表示点对象自身的横纵坐标,用 p.x、p.y 来表示对方的横纵坐标。

在 PointsDistance 类中定义了 4 个 double 类型变量用于存储键盘输入的坐标值。然后用这些变量初始化点对象,以其中一个点对象来调用 distance 方法,参数是另一个点对象,完成距离计算并输出。

```java
//案例 4.1: 计算两点之间的距离
//PointsDistance.java
package ch04.project;
import java.util.Scanner;
class Point{
    public double x,y;
    public Point(double a,double b){
        x=a;
        y=b;
    }
    public Point(){
        x=0;
        y=0;
    }
    public Point(double a){
        x=a;
        y=0;
    }
}
public class PointsDistance{
    public static void main(String[] args){
        Scanner s=new Scanner(System.in);
        double x1,x2,y1,y2;
        System.out.print("输入 p1 的横坐标: ");
        x1=s.nextDouble();
        System.out.print("输入 p1 的纵坐标: ");
        y1=s.nextDouble();
        System.out.print("输入 p2 的横坐标: ");
        x2=s.nextDouble();
        System.out.print("输入 p2 的纵坐标: ");
        y2=s.nextDouble();
        Point p1=new Point(x1,y1);
```

```
        Point p2=new Point(x2,y2);
        System.out.println("p1~ p2 的距离是: "+p1.distance(p2));
    }
}
```

运行程序,在 console 窗口中输入两个点的坐标。

程序的运行结果如下：

输入 p1 的横坐标：3
输入 p1 的纵坐标：4
输入 p2 的横坐标：0
输入 p2 的纵坐标：0
p1~p2 的距离是：5.0

注意事项如下：
(1) 成员方法的参数不是必须使用基本数据类型,还可以是已有类的引用。
(2) 运行程序时输入的整型常量被自动转化为 double 类型。
(3) 计算距离是可任选一点来调用 distance()方法,如 p2.distance(p1)。
(4) 不可在 PointsDistance 类中设计距离计算公式,因为 x,y 是私有变量。

4.1.5 对象的创建与使用

1. 类和对象的基本概念

用 Java 解决实际问题时,所有的事物都被看做对象。大到宇宙,小到原子,都可以看做对象。一个对象具有本身的属性,又有一些属于自己的行为,这些属性决定了对象的状态。对象的状态不是一成不变的,对象可以通过自己的行为改变自己的状态。例如,某一辆汽车就是一个对象,它拥有本身的属性,如名字叫桑塔纳,油耗为 10L/100km,最高时速为 160km/h,油箱容量为 50L 等。它还拥有一些行为,如点火、熄火、前进、倒退、鸣笛等。它可以通过自己的行为改变自己的状态;如点火后挂前进挡,让汽车处于行驶状态;挂空挡熄火后,让汽车处于泊车状态。

类是对多个具有共同特征的对象的抽象。对象是类的具体实例,类是对象的抽象模型。利用这个抽象模型可以构造具体的实例。如果说某一辆桑塔纳是一个对象的话,汽车就是一个类,汽车只是一个抽象的概念,是对诸如桑塔纳、帕萨特、奥迪等具体对象共同特征的抽象。类和对象的关系如图 4-1 所示。

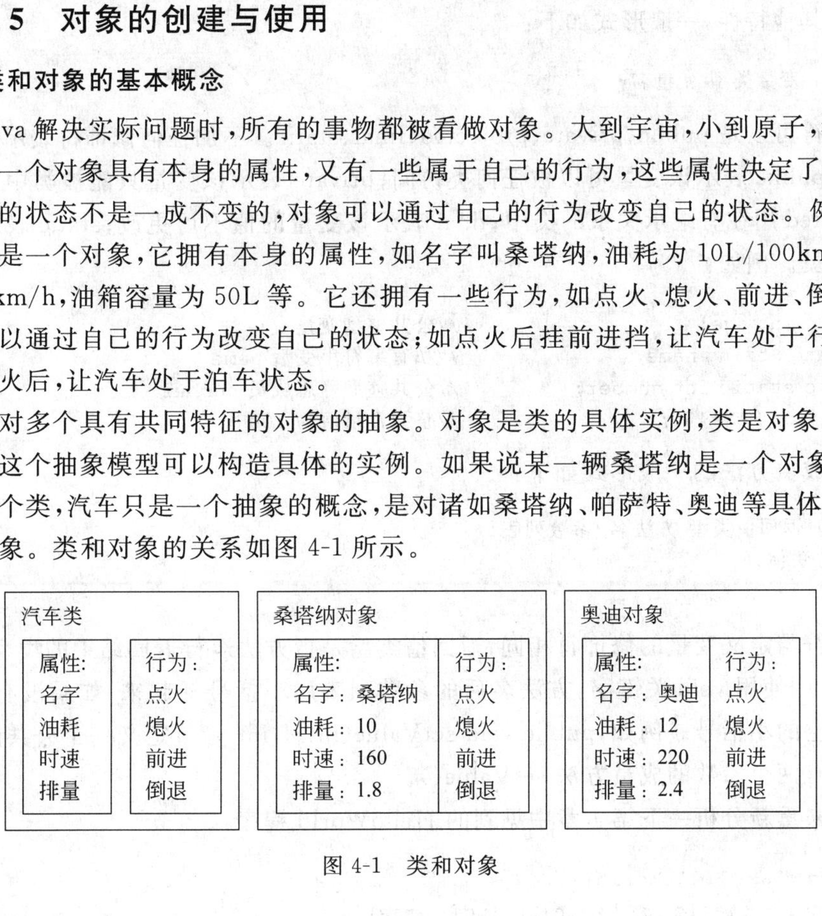

汽车类		桑塔纳对象		奥迪对象	
属性:	行为:	属性:	行为:	属性:	行为:
名字	点火	名字:桑塔纳	点火	名字:奥迪	点火
油耗	熄火	油耗:10	熄火	油耗:12	熄火
时速	前进	时速:160	前进	时速:220	前进
排量	倒退	排量:1.8	倒退	排量:2.4	倒退

图 4-1 类和对象

2. 类的构成

类是 Java 程序的基本单元,Java 编译器无法处理比类更小的单元,像前面章节所写的程序,至少包含一个 class。类定义的一般形式如下:

```
[修饰符] class 类名{
    类体
}
```

其中,class 是定义类的关键字,类名是给类定义的标识符,修饰符包括权限修饰词和类型说明符。权限修饰词是用来表明该类的访问权限的,主要包括 public 和 friendly。public 表示该类可以被任何类访问,被称为公共类。当一个 class 被修饰为 public 时,此程序的文件名必须与该 class 的类名相同。当定义类时没有写 public,即表示 friendly,这个权限表示仅限包内的类访问。类型说明符是用来说明该类是否是抽象类或最终类,包括 abstract 和 final。abstract 定义的类不能创建对象,final 定义的类不能被继承,详细内容将在后面讲解。

类体主要有两个组成部分,成员变量和成员方法。成员变量就是用来描述"属性"的,成员方法是用来描述"行为"的。定义一个成员变量就要声明它的名字及数据类型,同时制定一些其他特性,一般形式如下:

```
修饰符 变量类型 变量名;
```

修饰符可以是 public、private、protected、final、static。不加任何修饰符表示采用默认修饰符。public 表示该变量可以被任何类访问;private 表示该变量只能被类中的成员访问;protected 用在有继承关系的类中;final 表示该变量的值不可更改;static 表示该变量是静态成员。例如:

```
public int age;                    //公共整型变量 age
private String name;               //私有字符串变量 name
public static int number;          //公共整型静态成员 number
final int MAX=100;                 //整型常量值为 100
```

定义成员方法的一般形式如下:

```
修饰符 返回值类型 方法名(参数列表){
    方法体;
}
```

修饰符与定义变量的修饰符相同,返回值类型是指方法运行返回结果的类型,如果没有返回值,则使用 void 关键字,方法名后的参数列表用小括号括起来,如果没有参数,也要有一对空的小括号。例如,public void setValue(int x,int y){}定义一个公共的没有返回值的具有两个参数的成员方法 setValue()。

下面来重新分析一下第 1 章中见到的 HelloWorld 程序:

```
public class HelloWorld{
    public static void main(String[] args){
```

```
        System.out.println("HelloWorld");
    }
}
```

程序中定义了一个类叫 HelloWorld,这个类用 public 修饰,表示该类可以在类以外的任何地方被访问。存储这个程序的文件名必须是 HelloWorld.java。在这个类中没有定义成员变量,只定义了一个成员方法 main()。main()方法是 Java 程序的入口,这个方法名必须是小写字母,且必须由 public static void 来修饰。public 使 main()方法可以在 HelloWorld 类以外的地方被其他类访问。static 使 main()方法成为 HelloWorld 类的静态成员。void 表示 main()方法没有返回值。main()方法需要一个 String 类的参数,用于接收命令行参数,并传入 main()方法内部。main()方法的方法体只有一条语句,用于在 console 窗口中输出"HelloWorld"。

程序运行时,系统为其分配一块存储空间,用于存储 HelloWorld 类,程序由 main() 方法开始运行,引用 Java 的 System 类的 println()方法将字符串送 console 窗口显示, main()方法返回,程序运行完毕。

例 4-1 定义一个类用于计算圆的面积。

```
//Circle.java
package ch04;
public class Circle{
    private double radius;
    private double area;
    public void setRadius(double r){
        radius=r;
    }
    public double calArea(){
        return 3.14 * radius * radius;
    }
}
```

本例无运行结果。

本例中定义了一个公共类 Circle,因此存储该程序的文件名应是 Circle.java。在 Circle 类中定义两个私有的,double 类型的成员变量——radius 和 area,用于存储圆的半径和面积;定义了一个公共的无返回值的方法 setRadius 用于设置圆的半径;定义了一个公共的,返回值为 double 类型的方法 calArea 用于计算圆的面积。程序中没有定义 main() 方法,也就是说没有程序的入口,但并不意味着该程序不可用,可将入口设计到其他类中,用其他类访问这个类。

3. 对象的创建及使用

如果已经定义了一个类,那么就可以用这个类来创建任意多个对象。对象创建的过程分为两步,即对象声明和对象初始化,这两步通常同时进行,即定义对象的同时对对象进行初始化。其格式如下:

类名 对象名=new 类名(参数列表);

例如创建例 4-1 中的 Circle 类的对象，Circle myCircle = new Circle()。其中 myCircle 是对象名，它的类型称为引用类型，引用是对象在内存中的位置标识。就像定义整型变量 int x 一样，x 仅是内存单元的一个标识，当执行 x=3 这样的语句时才真正为变量分配存储空间。创建 Circle 类对象也可以分为两步进行：

```
Circle myCricle;
myCircle=new Circle();
```

第一步定义一个 Circle 类型的引用，第二步初始化 Circle 类对象 myCircle。对象初始化时才真正为对象分配存储空间。

一旦对象被创建，就可以在程序中使用该对象了。使用对象包括使用对象的成员变量和成员方法。需要通过成员运算符"."对成员进行访问，格式如下：

对象名.成员变量名
对象名.成员方法名(参数列表)

例 4-2 使用例 4-1 定义的类创建对象。

```
//CreateObjecct.java
package ch04;
class Circle{
    private double radius;
    private double area;
    public void setRadius(double r){
        radius=r;
    }
    public double calArea(){
        return 3.14 * radius * radius;
    }
}
public class CreateObjecct{
    public static void main(String[] args){
        Circle myCircle=new Circle();
        myCircle.setRadius(5);
        System.out.println("area="+myCircle.calArea());
    }
}
```

程序的运行结果如下：

```
area=78.5
```

本例中将 Circle 类和新定义的类 CreateObject 放到同一个 Java 文件中。像这样多个类同处于一个文件中时，用 public 修饰的类只能有一个，就是与文件名同名的那个类，也是程序入口 main() 方法所在的类。因此这个程序的文件名叫 CreateObject.java。

在 main() 方法中，用已经定义好的 Circle 类创建对象 myCircle 并初始化，然后调用 setRadius() 方法设置圆的半径，最后调用 calArea() 计算圆的面积并输出。例 4-2 中访问的是对象的成员方法，而没有访问成员变量，能否用 myCircle.radius=5 的方法为成员变量赋值呢？答案是否定的。因为权限修饰词 private 使得 radius 和 area 只能在 Circle 类中被访问，而不能在 CreateObject 类中访问。

下面来讨论方法的定义与调用。例中在 Circle 类中定义了 setRadius 方法：

```
public void setRadius(double r){
    radius=r;
}
```

在 CreateObject 类中调用了这个方法：

```
myCircle.setRadius(5);
```

定义方法时的参数列表称为形参列表，即形式上的参数，如(double r)，如果形参有多个时需要单独声明，如(double x,double y)，而不能写成(double x, y)。方法调用时的参数列表称为实参列表，即实际参数，如 5。方法调用时，实参的值将传递给形参，本例中 5 的值传递给 r，再将 r 赋值给 radius。需要注意的是在传递参数的过程中，要求形参和实参的数量、类型、顺序都一致。

setRadius()方法用 void 修饰，表示没有返回值，但有些方法是有返回值的。例如：

```
public double calArea(){
    return 3.14 * radius * radius;
}
```

方法运行的结果返回需要用 return 语句，其格式如下：

return 表达式；

return 语句后表达式的结果类型要与方法定义时的返回值类型一致。如 3.14 * radius * radius 的运算结果是 double 类型，方法定义时的返回值类型也是 double 类型。return 语句一般要放到方法体的最后，因程序运行到 return 语句将结束方法的运行。

4.1.6 面向对象的特征

面向对象程序设计思想是近年来被广泛使用的一种程序设计思想，它以哲学上的辩证唯物主义认识论为理论基础，所以被人们广泛接受。辩证唯物主义认为，世界的本原是物质，物体是物质的载体，各种各样的物体相互联系构成大千世界；不同的物体存在共性，共性存在于个性之中，共性是人们在认识世界的过程中对物体共同特征的抽象，物体的个性又继承了共性；世界上的物体是普遍联系的，这种联系导致了物体状态的变化。Java 面向对象程序设计思想认为，程序是由类构成的，对象是类的载体，各种各样的对象相互联系构成了功能强大的程序；不同的对象存在共性，共性是程序设计者对一批对象共同特征的抽象，抽象的结果即是类，对象又继承了类的特征；Java 世界中一个个对象不是孤立存在的，而是普遍联系的，相同对象的不同组合可能构成功能完全不同的程序。这就是 Java 面向对象程序设计的核心思想。

面向对象程序设计有三大特征：封装性、继承性、多态性。

1. 封装

封装是面向对象的特征之一,是对象和类概念的主要特性。

封装是把客观事物封装成抽象的类,并且类可以把自己的数据和方法只让可信的类或者对象操作,对不可信的进行信息隐藏。

下面举一个类比的例子,在旅馆里有一种常用茶叶,就是用纸袋把茶叶包装起来再系上一根线。用的时候只需要将其放在水杯里泡就行。这样的好处是不会将茶叶渣和茶垢弄得满杯子都是。这就是一个封装的例子。

喝茶的目的是享受茶叶的香洌,所以茶叶的味道(flavour)就是茶叶所具有的最重要特性之一,可是无法直接享受它的清香,因为被外面的纸袋"封装"起来了。唯一的办法就是"泡"(dilute),将茶袋扔在开水中泡,它的味道就出来了,融入水中。

如果把袋装茶叶看做一个对象的话,它提供了成员变量 flavour 和成员方法 dilute()。并且 flavour 是私有(private)的,使用时不能直接把它吞进肚子去,而只能通过成员方法 dilute 才能享受 flavour。

下面用代码来描述这个例子:

```
public class Tea{                    //袋装茶叶
    private String flavour;          //味道
    private String color;            //颜色
    ⋮                                //其他属性
    public Tea(){                    //构造方法

    }
    public dilute(){                 //沏茶
        //如何沏茶的代码
    }
    ⋮                                //其他方法
}
```

这就是封装。通过将对象的某些属性声明为 private 隐藏起来,只能使用由其提供的特定方法进行访问。

2. 继承

继承是指这样一种能力:它可以使用现有类的所有功能,并在无须重新编写原来的类的情况下对这些功能进行扩展。通过继承创建的新类称为"子类"或"派生类"。被继承的类称为"基类"、"父类"或"超类"。继承的过程,就是从一般到特殊的过程。

现以电话卡为例,说明继承的思想。首先所有电话卡的共性是都有余额,都可以拨打电话、查询余额,因此可以定一个抽象的电话卡类作为基类;电话卡包括有卡号的和无卡号的两类,有卡号的电话卡除了有余额的属性外还有新的属性,如卡号和密码,无卡号的电话卡除了有余额属性外还有新的属性,如对应话机类型,因此可以在电话卡类的基础上衍生出有卡号卡和无卡号卡,如图 4-2 所示。这样的衍生意味着,只要在电话卡类的基础上增加少量的代码即可设计出新的衍生类。可以采用同样的方法,在无卡号卡的基础上衍生出磁卡和 IC 卡,在有卡号卡的基础上衍生出 IP 卡和 201 卡。这种类似于家谱图的关系,就是 Java 中的继承思想。从程序设计的角度来说,继承的优点是,程序设计代码量小,逻辑关系更接近实际。如果单独设计图中最下方的 4 种电话卡类,代码较多,且不能体现其内在的联系。

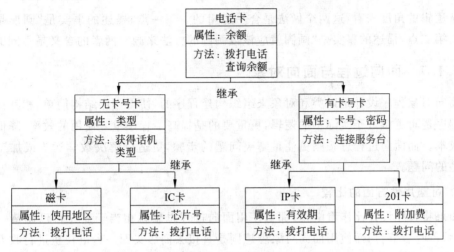

图 4-2 继承思想

面向对象技术是对现实生活的抽象,读者可以用生活中的经验去思考程序设计的逻辑。

3. 多态

多态是建立在继承基础上的又一面向对象程序设计的特征。多态是允许将一个或多个子类对象当做其父类对象看待的技术,赋值之后,父类对象就可以根据当前赋值给它的子类对象的特性以不同的方式运作。简单地说,就是一句话:允许将一个子类对象赋值给一个父类引用。

现以"形状"为例说明多态性,如图 4-3 所示。根据现实中的逻辑,形状是一个抽象的概念,而圆形、矩形和三角形则是具体的形状。根据它们的逻辑关系,设计 Shape 为父类,其中有两个方法,draw()用来画出形状,erase()用来擦除形状;然后设计其 3 个子类Circle、Square、Triangle,每个子类都继承了父类的两个方法,然而画出和擦除每种具体形状的方法都不同,即每个子类的 draw()和 erase()方法中都有不同的内容。

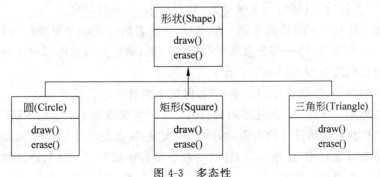

图 4-3 多态性

Java 的多态性实现以下两个特点：

```
Shape s=new Circle();      //允许将一个子类对象赋值给其父类的引用
s.draw();                  //自动选择调用 Circle 类中定义的 draw()方法,而不是 Shape 中的方法
```

从逻辑的角度来看,这两个做法是合乎逻辑的。第一点,描述的事实是"圆形是一种形状";第二点,描述的事实是"画圆就应该以画圆的方法来画",两者的含义是不同的。

4.1.7 面向过程与面向对象

面向对象程序设计是以类和对象来组织构建程序的,使得程序结构简单,相互协作容易。程序逻辑更接近于实际中的逻辑,更重要的是提高了程序重复使用的效率,降低了维护的成本。而面向过程思想则更注重解决问题的步骤,更适合解决数学运算或加工流程等类型的问题。

1. 可重用性方面的比较

如果将程序设计比作看电视,那么使用面向过程思想就相当于要先自己制造一台电视,然后再收看节目;而使用面向对象思想则是直接去商店买回一台电视机进行收看。用户可以不知道电视的内部结构,只须清楚如何通过遥控器来控制电视机即可。Java 程序员,在程序设计时,可以引用别人做好的类来构建自己的程序,自己不需要知道这个类的内部结构,只需要清楚通过哪些接口来控制这个类即可。面向对象程序设计省去了很多不需要知道的部分,就好比即使不清楚如何制造电视机,也能收看电视一样。

2. 描述能力方面的比较

面向对象的数据是封装在对象内部的,而面向过程的则不是。使用面向对象的思想更容易描述现实世界,世界由事物组成,每个事物都有一些固有属性和可能产生的行为,面向对象的思想认为程序由类和对象组成,每个对象都有一些成员变量和成员方法。而使用面向过程思想描述现实世界则比较抽象,因此比较复杂。

3. 解决问题的思想比较

两种都是程序设计中比较常用的思想,从理论上来说,都能达到用计算机程序来解决实际问题的目的,只是其中所体现出来的思想和考虑问题的角度不同。

面向过程：面向过程的思想是把一个项目、一件事情分成若干个步骤,按照一定的顺序,从头到尾逐步进行,强调的是先做什么,后做什么,一直到结束。

面向对象：面向对象的思想是把一个项目、一件事情分成多个更小的项目,或者说分成多个更小的组成部分,每一部分负责什么样的功能,最后再由这些部分组合成为一个整体。这种思想比较适合多人的分工合作。

举个简单的例子,例如实际问题是："如何把大象放在冰箱里?"

面向过程思想：分三步,①把冰箱门打开;②把大象放进去;③把冰箱门关上。

面向对象思想：问题设计两类事物,冰箱和大象,需要设计冰箱类和大象类。冰箱类具有一些成员变量如容积、耗电量等,还有一些成员方法如开门、关门、容纳物品等。大象类同样也具有一些成员变量和方法。可以先用这两个类创建对象,然后调用冰箱对象的

方法将大象对象放入其中。

面向对象思想的优点是,如今后再遇到"如何将老虎放入冰箱?"的问题,可重用此冰箱类,将新创建的老虎类对象放入其中即可。另外,如果由团队合作来完成此项目,可明确分工,一个团队负责冰箱类的开发,另一个团队负责大象类的开发,最后将其组合完成任务。

4.1.8 自主演练

1. 演练任务:学生信息输入与显示

从键盘录入若干学生的个人信息,然后这些信息显示在命令行窗口中。

2. 任务分析

本任务需要设计两个类:Student 类用于保存、设置、显示学生信息;主类用于接受键盘信息并将信息组织、保存、输出。学生信息包括学号、姓名和年龄,因此 Student 类中需要设计相应成员变量用于保存相应信息。来自键盘的信息需要存入 Student 对象的成员变量中,因此需要设计相应的方法来设置成员变量的值。要将学生信息显示到屏幕上,需要设计输出信息的方法。主类中应包含 main()方法,来引导程序的执行。main()方法中,设计读入多个学生信息的结构,然后通过调用 Student 对象的方法将读入的信息保存于对象中,最后调用 Student 对象的显示方法显示相应信息。

根据需求,Student 类中包含 3 个成员变量,4 个成员方法。id、name、age 分别存储学号、姓名、年龄,setID()、setName()、setAge()方法用于设置 3 个成员变量的值,show()方法通过输出语句输出相应信息。主类中,可使用循环语句依次读入多名学生信息,其中键盘读入工作可由 Scanner 类中的 nextString()、nextInt()方法读入,读入的各信息可分别调用 Student 的 setter()方法设置属性值,最后调用 show()方法显示当前学生的信息。

3. 注意事项

本任务中给出部分代码,需要读者了解类的一般设计方法,成员变量通常设置为 private,然后通过类中的 public 方法来访问这些成员变量,这样能保护类内部的私有属性。当然,类的设计模式并不固定,通过以后的例子慢慢体会。

4. 任务拓展

存储多个学生的信息可在主类中仅创建一个 Student 对象,设置好 3 个变量后随即输出,当录入下一个学生信息时可覆盖掉第一个学生的信息。如果考虑进一步对输入的学生信息进行处理,可定义 Student 对象数组,逐个保存学生信息,而不进行覆盖。

4.2 类

4.2.1 目标

通过商品信息处理的案例掌握类的设计、类的构造方法、方法重载和 this 关键字的使用。

4.2.2 情境导入

假设某公司在商品初次入库时,对各种商品的信息掌握不是很全面,某些商品只知道其品名,某些商品只知道其品名和数量,另一些则只知道其品名、数量和单价。针对这些信息不统一的商品,要求先将已知的信息录入系统,并以表格形式输出,然后再进行下一步处理。这就要求先定义商品类,商品信息包括品名、数量、单价,再创建若干商品类对象,要求以不同的方式创建,然后再分别输出各商品的信息。

4.2.3 案例分析

需要设计两个类,一个商品类,一个商品信息类。在商品类中将各种商品信息作为成员变量。要求以不同方式创建商品对象,就需要定义重载构造方法,分别设计 1 个参数、2 个参数和 3 个参数的构造方法,以满足用户输入产品信息时的各种需求。商品信息类中以各种实参组合创建对象,然后输出商品信息。

4.2.4 案例实施

定义 Goods 类来表示商品类,设计字符串类型参数的构造方法,用来以商品名创建对象,接下来设计具有字符串类型和整型 2 个参数的构造方法和具有字符串类型、整型、实型 3 个参数的构造方法,此过程中为避免代码重复,可利用 this() 关键字在一个构造方法中调用其他构造方法。定义 GoodInfo 类,在其 main() 方法中分别以字符串类型、字符串+整型、字符串+整型+实型参数创建商品对象,然后输出这些商品的信息。

```java
//案例 4.2:商品信息处理
//GoodsInfo.java
package ch04.project;
class Goods{
    private String name;
    private int count;
    private double price;
    public Goods(String name){
        this.name=name;
    }
    public Goods(String name,int count){
        this(name);
        this.count=count;
    }
    public Goods(String name,int count,double price){
        this(name,count);
        this.price=price;
    }
    public String getName(){
        return this.name;
    }
    public int getCount(){
        return this.count;
```

```
        }
        public double getPrice(){
            return this.price;
        }
}
public class GoodsInfo{
    public static void main(String[] args){
        Goods g1=new Goods("洗发水");
        Goods g2=new Goods("沐浴露",30);
        Goods g3=new Goods("牙膏",50,5.8);
        System.out.println("品名    数量    单价");
        System.out.println(g1.getName()+"  "+g1.getCount()+"  "+g1.getPrice());
        System.out.println(g2.getName()+"  "+g2.getCount()+"  "+g2.getPrice());
        System.out.println(g3.getName()+"  "+g3.getCount()+"  "+g3.getPrice());
    }
}
```

程序的运行结果如下：

```
品名      数量    单价
洗发水     0      0.0
沐浴露    30      0.0
牙膏      50      5.8
```

注意事项如下：

(1) 恰当地使用 this 可避免代码重复。

(2) 习惯上将类的成员变量设置为私有变量，起到对象保护的作用，但需要额外书写代码来取得或设置这些成员变量的值。

(3) 设计构造方法时尽量考虑到创建对象时的各种方式。

4.2.5 类的创建与应用

1. 类的构造方法

构造方法是类的一个特殊的成员方法，用来描述对象是如何构造的，一个类至少有一个构造方法。构造方法在语法上与其他成员方法基本相同，只是要求构造方法名必须与类名完全相同，并且没有返回值，一般只用 public 修饰。构造方法在创建对象时，由 new 运算符自动调用来完成对象的初始化。使用构造方法完成对象的初始化可以提高程序的稳定性，简化程序的设计。

例 4-3 用构造方法构造平面坐标系内的点。

```
//ConstructorTest.java
package ch04;
class Point{
    private double x,y;
    public Point(double a,double b){
        x=a;
        y=b;
```

```
        }
        public double getX(){
            return x;
        }
        public double getY(){
            return y;
        }
}
public class ConstructorTest{
    public static void main(String[] args){
        Point p=new Point(3.0,4.0);
        System.out.println("横坐标："+p.getX());
        System.out.println("纵坐标："+p.getY());
    }
}
```

程序的运行结果如下：

横坐标：3.0
纵坐标：4.0

本例中，Point 类中定义的 Point()方法就是构造方法，在其中完成了对私有成员变量的初始化工作。Point()构造方法在执行 Point p=new Point(3.0,4.0)语句时被自动调用，参数传递的过程与普通成员方法相同，将 3.0 传递给 a，4.0 传递给 b。

在此之前，程序中并没有定义构造方法，那么对象是如何构造的呢？一个类至少有一个构造方法，如果程序员没有定义，则系统自动追加一个默认构造方法。默认构造方法是一个参数和方法体都为空的构造方法。之前以 new ClassName()的形式创建的对象就是调用默认构造方法创建对象的，ClassName 指的是类名。需要注意的是，如果用户定义了任何形式的构造方法，则系统不追加默认构造方法。例如，在本例中定义了具有两个 double 类型参数的构造方法 public Point(double a,double b)，则系统不追加 Point()这样的构造方法。如果在 main()方法中以 Point p=new Point()来创建对象，编译时会报错。

2. 方法重载

前面介绍了构造方法是如何构造的，然而在一些实际问题中，对象的构造方式并不是唯一的，也就是说同一个类要求以多种方式进行对象构造。例如在例 4-4 中已经定义了 public Point(double a,double b)，程序中需要以 Point()方式来创建对象，该如何解决呢？方法重载给出了解决的办法。

例 4-4 以不同的方式构造同一个类的对象。

```
//ConstructorOverloaded.java
package ch04;
class Point{
    private double x,y;
    public Point(double a,double b){
        x=a;
```

```
        y=b;
    }
    public Point(){
        x=0;
        y=0;
    }
    public Point(double a){
        x=a;
        y=0;
    }
    public double getX(){
        return x;
    }
    public double getY(){
        return y;
    }
}
public class ConstructorOverloaded{
    public static void main(String[] args){
        Point p1=new Point(3.0,4.0);
        Point p2=new Point();
        Point p3=new Point(5.0);
        System.out.println("p1("+p1.getX()+","+p1.getY()+")");
        System.out.println("p2("+p2.getX()+","+p2.getY()+")");
        System.out.println("p3("+p3.getX()+","+p3.getY()+")");
    }
}
```

程序的运行结果如下：

```
p1(3.0,4.0)
p2(0.0,0.0)
p3(5.0,0.0)
```

本例中，定义了3个构造方法，它们的方法名相同，但参数列表不同，称为方法的重载。被重载了的方法在调用时以实参的类型来进行区别，只要定义了恰当的构造方法，系统会自动选择合适的构造方法来创建对象。例如，Point p1＝new Point(3.0,4.0)，系统会自动调用形参为两个double类型的构造方法来创建对象，而执行Point p3＝new Point(5.0)时系统会自动调用public Point(double a)的构造方法。

方法的重载不仅适用于构造方法，还适用于所有的成员方法。重载的方法只能以唯一的参数列表作为区别的标识，可以是参数的数量、类型或顺序，但不能以返回值来区别重载方法。

例 4-5 成员方法的重载。

```
//MethodOverloaded.java
package ch04;
class Output{
    public void print(String s){
```

```
            System.out.println("只有字符串参数："+s);
        }
        public void print(int i){
            System.out.println("只有整型参数："+i);
        }
        public void print(String s,int i){
            System.out.println("两个参数,字符串："+s+"在前,数字："+i+"在后");
        }
        public void print(int i,String s){
            System.out.println("两个参数,数字："+i+"在前,字符串："+s+"在后");
        }
}
public class MethodOverloaded{
    public static void main(String[] args){
        Output p=new Output();
        p.print(27);
        p.print("hello");
        p.print("hello",27);
        p.print(27,"hello");
    }
}
```

程序的运行结果如下：

```
只有整型参数：27
只有字符串参数：hello
两个参数,字符串：hello在前,数字：27在后
两个参数,数字：27在前,字符串：hello在后
```

本例中，Output 类定义了一个方法 print()，然后被多次重载，各个重载方法有唯一的参数列表，使它们区别开来。在 main()方法中，分别以不同的实参组合来调用 print()方法，结果都能自动选择最合适的重载方法来进行输出。

如果有两个方法的定义如下：

```
public int fun(){}
public void fun(){}
```

在调用时是否能区别呢？如果程序中有这样的语句 int x=fun()，则应该能够选择前者来调用。但如果只有 fun()，应该调用前者还是后者呢？这时就无法区别了。因此方法重载是不能以返回值类型来区别的。

3. 成员初始化

Java 采用自己特有的方式来保证变量的初始化，也就是说变量使用之前一定是赋过值的。对于一个类中的本地变量来说，Java 通过编译时错误来保证初始化的进行，如果本地变量未赋值就使用，那么这个程序是无法通过编译的。对于另一个类中的成员变量，要在这个类中使用时，Java 是通过自动初始化的手段来给成员变量赋值的。

例 4-6 保证变量初始化。

```java
//InitTest.java
package ch04;
class Init{
    public int a;
    public double b;
    public char c;
}
public class InitTest{
    public static void main(String[] args){
        int x;
        double y;
        char z;
        Init i=new Init();
        System.out.println("x="+x);
        System.out.println("y="+y);
        System.out.println("z="+z);
        System.out.println("i.a="+i.a);
        System.out.println("i.b="+i.b);
        System.out.println("i.c="+i.c);
    }
}
```

程序的运行结果如下：

```
Exception in thread "main" java.lang.Error: Unresolved compilation problems:
    The local variable x may not have been initialized
    The local variable y may not have been initialized
    The local variable z may not have been initialized
```

本例中，对于 x、y、z 这样的本地变量，由于只定义未赋值，所以报出编译时错误，说明变量未初始化。如果修改程序如下：

```java
int x=2;
double y=3.14;
char z='A';
```

则运行结果如下：

```
x=2
y=3.14
z=A
i.a=0
i.b=0.0
i.c=
```

这时可以看到，Init 类中的成员变量并没有代码对它们赋值，却输出了结果。这说明 Java 在创建对象时，已将这些成员变量自动初始化了。数值类型自动初始化为 0，字符类型初始化为空。

下面来讨论变量初始化的顺序问题。一般来说，变量初始化的顺序就是变量定义的顺序，先定义的变量先初始化。变量初始化的时机是在任何方法调用之前，包括构造方法。

例 4-7 变量初始化的顺序。

```java
//Order.java
package ch04;
class Tag {
    Tag(int i) {System.out.println("Tag(" +i +")"); }
}
class Card {
    Tag t1=new Tag(1);
    Card() {
        System.out.println("Card()");
        t3=new Tag(33);
    }
    Tag t2=new Tag(2);
    void f() {System.out.println("f()"); }
    Tag t3=new Tag(3);
}
public class Order{
    public static void main(String[] args){
        Card t=new Card();
        t.f();
    }
}
```

程序的运行结果如下：

```
Tag(1)
Tag(2)
Tag(3)
Card()
Tag(33)
f()
```

本例中，Card 类中有若干成员变量，都是 Tag 类的对象，分布于不同的位置。那么它们的初始化顺序如何呢？因为进入 main()方法后，首先要调用构造方法创建 Card 类对象，然而变量初始化是发生在构造方法调用之前，所以先来初始化 Card 类中的成员 t1、t2、t3，然后进入 Card()构造方法，重新给 t3 赋值，最后调用 f()方法。从本例中可以看出，不一定书写在前的变量先初始化。

4. static 关键字

static 关键字可以用来修饰类的成员变量或成员方法。当一个变量或一个成员方法被 static 修饰时，意味着该变量或该方法不与具体的对象绑定，它为所有的该类对象所共有。因此，即使不创建对象也能访问类的 static 成员，称之为静态成员，而对非静态成员必须通过对象来访问。

例 4-8 静态成员访问。

```
//StaticTest.java
```

```java
package ch04;
class StaticExample{
    public int x;
    public static int y;
    public void print1(){
        System.out.println("非静态成员隶属于某个对象");
    }
    public static void print2(){
        System.out.println("静态成员不与对象绑定!");
    }
}
public class StaticTest{
    public static void main(String[] args){
        StaticExample s1=new StaticExample();
        StaticExample s2=new StaticExample();
        s1.x=3;
        s2.x=4;
        s1.y=7;
        s2.y=8;
        System.out.println("s1.x="+s1.x);
        System.out.println("s2.x="+s2.x);
        System.out.println("s1.y="+s1.y);
        System.out.println("s2.y="+s2.y);
        System.out.println("s1.x="+StaticExample.y);
        s1.print1();
        s2.print1();
        s1.print2();
        s2.print2();
        StaticExample.print2();
    }
}
```

程序的运行结果如下：

```
s1.x=3
s2.x=4
s1.y=8
s2.y=8
s1.x=8
非静态成员隶属于某个对象
非静态成员隶属于某个对象
静态成员不与对象绑定！
静态成员不与对象绑定！
静态成员不与对象绑定！
```

本例中定义了 StaticExample 类，在其中定义了一个非静态成员变量 x 和非静态成员方法 print1()，还定义了一个静态成员变量 y 和静态成员方法 print2()。然后在 StaticTest 类中进行测试，在 StaticTest 类中创建了两个 StaticExample 类对象 s1 和 s2。在运行结果中发现，这两个对象的 x 是不同的，也就是说 s1 和 s2 各有自己的 x。而两个对象的 y 却是相同的，用对象名访问 y 和用类名访问 y 得到的结果都是 8，这说明静态成员 y 是 StaticExample 类的所有对象共有的，而且不创建对象也可以访问静态成员，就是通过类名来访问。静态方法的道理是相同的。

另外，还有一个规则是关于静态成员互访的：静态方法不可访问非静态成员，而非静态方法则可以访问静态成员。例如，将本例程序做如下修改：

```java
public static void print2(){
    print1();
    System.out.println(x);
}
```

这种访问是错误的，无法通过编译。而如果将程序做如下修改：

```java
public void print1(){
    print2();
    System.out.println(y);
}
```

则访问是合法的。

5. this 关键字

this 关键字在 Java 中有两个功能，一个是用来表示当前对象，另一个是用来在构造方法中调用构造方法。

例 4-9 使用 this 关键字。

```java
//ThisTest.java
package ch04;
class Print{
    private String s;
    public Print(String s){
        this.s=s;
        System.out.println("一个参数的构造方法"+s);
    }
    public Print(String s,int i){
        this(s);
        System.out.println("两个参数的构造方法"+s+i);
    }
}
public class ThisTest{
    public static void main(String[] args){
        Print p=new Print("hello",3);
    }
}
```

程序的运行结果如下：

```
一个参数的构造方法 hello
两个参数的构造方法 hello3
```

先来看 this 的第一种用法。this.s＝s,程序中第一个构造方法的形参与私有成员变量同名,那么要给私有成员赋值,就不能写成 s＝s 了,因为这样写将无法进行区别。this 表示当前对象,this.s 表示的就是当前对象的私有成员而不是形参 s,这样就把两个变量区别开了。

再来看 this 的第二种用法。this(s)表示调用当前类的构造方法,s 是字符串类型,所以自动选择调用 public Print(String s)。这样,在第二个构造方法中实际上是先来做第一个构造方法的工作,再执行输出,从输出结果中也可看出 s 已经被赋值,说明第一个构造方法确实被调用。需要注意的是 this()作为构造方法调用,只能在构造方法中被调用且必须是构造方法中第一条语句。

4.2.6 类的继承与多态

1. 继承

继承性特征为程序设计中的代码重用问题提供了良好的支持,使程序开发的效率大大提高。代码重用技术带来的好处是,如果同样的或类似的功能在同一个项目中多次出现时,无须使用复制、修改代码的方法来实现;或者新创建的程序无须从头做起,可以在他人编写好的程序基础上开发新的程序。Java 中代码重用的方式有两种:组合和继承。

(1) 组合

组合的语法在前文的例子中已经使用过,即用已有类在新建类中创建对象,因为新建类是由一个或多个已有类的对象组合而成,故称组合。例如已有(如下)汽车零件类,要创建新的汽车类,即可采用组合语法。

已有类如下:

```
class Wheel{
    //车轮类
}
class Frame{
    //车架类
}
class Motor{
    //发动机类
}
class Seat{
    //坐椅类
}
```

采用组合语法新建的汽车类如下:

```
class Car{
    private Wheel[] wheels;
    private Frame frame;
    private Motor motor;
    private Seat[] seats;
    public Car(){
        wheels=new Wheel[4];           //创建 4 个车轮对象
```

```
        frame=new Frame();              //创建车架对象
        motor=new Motor();              //创建发动机对象
        seat=new Seat[4];               //创建4个坐椅对象
    }
}
```

在这个例子中,程序员不需要从每个汽车的零部件做起,也不需要清楚零部件的内部结构,只要能找到他人已经写好的零部件类,在自己的汽车类中创建对象,调用相应的方法,即可完成自己的程序开发。关于已有类,在 Java 的类库中,已经提供了大量的,功能完善的类,另外已有类也可来自网络或其他项目。

(2) 继承

与组合不同,继承是要在已有类的基础上创建一个新类。已有类称为父类,新类称为子类,它们之间的关系类似于实际中的父子关系。子类可以继承父类中的所有属性和方法,如果采用继承语法创建子类,在子类中无须书写任何代码即可使用父类中的各成员,即"父亲有的儿子都有"。子类除了拥有父类所有属性和方法之外还可以有自己的新属性和新方法,即"父亲没有的儿子也可以有"。

继承是 Java 语言不可分割的一部分,也几乎是所有面向对象语言的一部分。在 Java 中可以使用继承的语法来显式地声明所创建的新类为某一父类的子类,即使没有采用继承语法创建的新类也暗含着继承自 Java 的标准根类——Object 类。继承的语法形式如下:

class 子类名 extends 父类名

extends 是继承关键字。父类名有且仅有一个。父类名所指定的类必须是在当前编译单元中可以访问的类,否则会产生编译错误。

例 4-10 使用继承语法扩展计算器的功能。

```
//Cal.java
package ch04;
class Calculator{
    public void add(int x,int y){
        System.out.println(x+"+"+y+"="+(x+y));
    }
}

class PowerfulCalculator extends Calculator{
    public void multiply(int x,int y){
        System.out.println(x+" * "+y+"="+(x * y));
    }
}

public class Cal{
    public static void main(String[] args){
        PowerfulCalculator cal=new PowerfulCalculator();
        cal.add(3,5);
        cal.multiply(3,5)
```

程序的运行结果如下：

3+5=8
3*5=15

在例 4-10 中，Calculator 类只能计算加法，而通过继承语法创建的子类 PowerfulCalculator 除了能算加法外还能算乘法。在类的设计中看得出，通过继承语法设计的子类，只须添加父类不具备的功能，父类已有的功能是暗含其中的，Java 编译器会自动完成这些工作。继承允许子类对父类不具备的功能做出扩展，那么子类能否对父类已有的功能做出改善呢？

例 4-11 继承过程中的方法重载。

```java
//Overload.java
package ch04;
class Calculator{
    public void add(int x,int y){
        System.out.println(x+"+"+y+"="+(x+y));
    }
}

class PowerfulCalculator extends Calculator{
    public void add(double x,double y){
        System.out.println(x+"+"+y+"="+(x+y));
    }
    public void multiply(int x,int y){
        System.out.println(x+" * "+y+"="+(x*y));
    }
}

public class Overload{
    public static void main(String[] args){
        PowerfulCalculator cal=new PowerfulCalculator();
        cal.add(3,5);
        cal.add(3.2,5.7);
    }
}
```

程序的运行结果如下：

3+5=8
3.2+5.7=8.9

在例 4-11 中，子类不仅可以计算两个整数的和，还可以计算两个实数的和。子类中出现了与父类中同名的方法，这样的方法与例 4-10 中的不同，不是对父类的扩展，而是对父类中已有方法的重载。因为子类继承了父类的 add(int x,int y) 方法，子类中又添加了 add(double x,double y) 方法，这样的方法名相同而参数列表不同的现象称为方法重载。

在继承中子类可以通过方法重载完善父类已有的功能。那么,如果在子类中出现了与父类中方法名相同,参数列表也相同的方法,程序会如何调用呢?

例 4-12 继承过程中的方法覆写。

```java
//Override.java
package ch04;
class Calculator{
    public void add(int x,int y){
        System.out.println(x+"+"+y+"="+(x+y));
    }
}

class PowerfulCalculator extends Calculator{
    public void add(int x,int y){
        System.out.println("sum="+(x+y));
    }
    public void add(double x,double y){
        System.out.println(x+"+"+y+"="+(x+y));
    }
    public void multiply(int x,int y){
        System.out.println(x+"*"+y+"="+(x*y));
    }
}

public class Main{
    public static void main(String[] args){
        PowerfulCalculator cal=new PowerfulCalculator();
        cal.add(3,5);
        cal.add(3.2,5.7);
    }
}
```

程序的运行结果如下:

```
sum=8
3.2+5.7=8.9
```

从运行结果中不难看出,cal.add(3,5)方法调用的是子类中的 add(int x,int y)方法,并没有调用从父类继承来的 add(int x,int y)方法。像这样,子类中出现与父类中同名且同参数的现象称为方法覆写,在子类对象调用该方法时优先调用在子类中覆写的方法。如果要在子类中调用父类中的同名方法,可以使用 super 关键字,例如:

```java
public void add(int x,int y){
    super.add(x,y);
    System.out.println("sum="+(x+y));
}
```

当子类对象调用方法 cal.add(3,5)时,运行结果如下:

```
3+5=8
```

sum=8

在解决实际问题时,往往会出现在子类中需要改变某些父类中已有的功能,则可以通过在子类中覆写父类中同名方法的办法来解决。

(3) 继承过程中的对象初始化

从前文继承的例子中可以看出,在创建子类对象后,可以通过子类对象调用父类中的方法,然而子类中并不包含这些方法的定义,因此在子类实例化的过程中并不包括这些方法的实例化。那么子类对象调用的这些方法又是从何而来呢?实际上,在子类实例化之前要将它的父辈逐一实例化,才能保证子类对象方便地调用父类中的方法,这些工作都是由 Java 编译器来完成的。一个类的实例化是由构造方法来完成的,因此可以通过在构造方法中输出信息的办法来验证,创建子类对象的同时伴随产生了其父类对象。

例 4-13 继承过程中的对象初始化。

```
//Cartoon.java
package ch04;
class Art {                                //艺术类
    Art() {
        System.out.println("Art constructor");
    }
}
class Drawing extends Art {                //绘画类
    Drawing() {
        System.out.println("Drawing constructor");
    }
}
public class Cartoon extends Drawing {     //卡通类
    Cartoon() {
        System.out.println("Cartoon constructor");
    }
    public static void main(String[] args) {
        Cartoon x=new Cartoon();
    }
}
```

程序的运行结果如下:

```
Art constructor
Drawing constructor
Cartoon constructor
```

这个例子描述了实际生活中的一个事实,绘画是一种艺术,卡通是一种绘画。Art 类是父类,Drawing 类继承自 Art 类,Cartoon 类继承自 Drawing 类。本段程序中仅实例化了一个类,即在 main()方法中创建 Cartoon 类对象。本应该仅看到 Cartoon 类的构造方法所输出的信息,运行结果却输出了 3 行信息,除了 Cartoon 类还有 Art 类和 Drawing 类的构造方法所输出的信息。这个结果表明,在创建子类对象时,父类对象会被自动创建,并且对象产生的顺序是,先产生父类对象后产生子类对象。本例中要创建 Cartoon 类对象,需要先产生 Drawing 类对象,要产生 Drawing 类对象,需要先产生 Art 类对象,因此出现了如上顺序的运行结果。

例 4-13 中的 3 个类的构造方法均是无参构造方法,所以不用考虑参数传递问题。假如在继承过程中,某个类的构造方法是需要参数的,该如何来向父类传递参数呢?请看下面的例子。

例 4-14 对象初始化时的参数传递。

```
//Chess.java
package ch04;
class Game {                                    //游戏类
    Game(int i) {
        System.out.println("Game constructor");
    }
}
class BoardGame extends Game {                  //棋类游戏类
    BoardGame(int i) {
        super(i);
        System.out.println("BoardGame constructor");
    }
}
public class Chess extends BoardGame {          //象棋类
    Chess() {
        super(1);
        System.out.println("Chess constructor");
    }
    public static void main(String[] args) {
        Chess x=new Chess();
    }
}
```

程序的运行结果如下:

```
Game constructor
BoardGame constructor
Chess constructor
```

程序中之所以能顺利地创建各类对象,是因为子类将父类构造方法所需的参数传给了它。Chess 类构造方法中调用 super(1),就将 1 参数传给了 BordGame 的构造方法;BordGame 的构造方法中调用 super(i),就将 i 参数值传给了 Game 类的构造方法。如果在 BordGame 的构造方法中去掉 super(i),编译器就会报错,显示无法找到 Game 类的默认构造方法 Game(),因为 Game 类中定义了带有整型参数的构造方法,系统不再追加默认的无参构造方法。需要强调的是,在子类中以 super()方法调用父类构造方法必须是子类构造方法中的第一条语句。

(4) 组合或继承语法的选择

组合和继承都是 Java 代码重用的手段,有时需要使用其中的一种,有时两者都要使用。那么在什么样的情况下选择组合,什么样的情况下选择继承呢?当在新建类中要使用已有类的固有特征时,使用组合;当新建类需要在已有类的基础上改革才能完成任务时,使用继承。另外还有一个简单依据用来判断是使用组合还是继承:面向对象程序设计中,已有类和新建类之间通常存在两种关系,"有一个"或"是一种"关系。如前文的例子中提到"汽车有一个发动机","汽车有一个车架",像这样新建类中有一个已有类对象时,通常采用组合语法;再如"绘画是一种艺术","卡通是一种绘画",像这样新建类是一种已有类时,通常采用继承语法。

(5) final 关键字

final 关键字的字面意思是最终的,不可更改的,可用于修饰变量、方法和类。

① final 修饰变量。

```
final int MAX=100;            //定义 MAX 为整型常量,程序不能再出现类似于 MAX=200 的语句
final Date d=new Date();      //定义 d 为日期类型的常引用,d 仅能指向当前日期对象,不能再
                              //指向其他日期对象
```

例 4-15 用 final 定义常引用。

```java
//FinalData.java
package ch04;
class Value{
    int i=1;
}
public class FinalData{
    final Value v1=new Value();
    public static void main(String[] args){
        FinalData fd=new FinalData();
        fd.v1.i++;                    //v1 所指向的对象不能改变,但对象本身可以改变
        //fd.v1=new Value();          //此行语句要改变 v1 的指向,所以错误
    }
}
```

运行编译可通过,如果将注释掉的语句恢复,编译时将报错。

② final 修饰方法。

```java
class Calculator{
    public final void add(int x,int y){
        System.out.println(x+"+"+y+"="+(x+y));
    }
}
```

用 final 修饰方法会产生两个作用,一是在 Calculator 的子类中不允许覆写 add()方法;二是 add()方法的方法名与方法体提前绑定,即内联方法。

③ final 修饰类。

```java
final class Calculator{
}                  //此类禁止继承
```

用 final 修饰类,表示该类不允许有子类,如果出现类似 class PowerfulCalculator extends Calculator{ }语句,编译时将会报错。

2. 多态

多态是允许将子类对象当做父类对象看待的一种技术,为方法接收参数时的选择提供了更大的灵活性。

例 4-16 乐器实例中的多态性。

```
//Music.java
package ch04;
class Instrument {                                          //乐器类
    public void play() {
        System.out.println("Instrument.play()");
    }
}
class Wind extends Instrument {                             //管乐器类
    public void play() {
        System.out.println("Wind.play()");
    }
}
public class Music {
    public static void tune(Instrument i) {                 //演奏方法
        i.play();
    }
    public static void main(String[] args) {
        Wind flute=new Wind();                              //笛子对象
        tune(flute);
    }
}
```

程序的运行结果如下:

```
Wind.play()
```

本例描述了实际生活中的一个事实。乐器是一个抽象的概念,虽然没有具体的形状,没有具体的发声原理,但只要是乐器就可以演奏。管乐器是一种乐器,它通过流动空气来发声,它有具体的演奏方法。音乐的形成需要至少一种乐器,使用该种乐器的演奏方法演奏就形成了音乐。

Instrument 类是父类,有成员方法 play()。Wind 类是 Instrument 的子类,Wind 类中覆写了父类的 play()方法。音乐类中创建了 Wind 类的对象 flute,并调用了音乐类中的静态方法 tune()。tune()方法需要一个 Instrument 类的对象作为参数,然而调用中却传给其一个 Wind 类的对象,这正是多态性所允许的,这种现象称为向上转型。那么,i.play()是调用父类的 play()方法还是调用子类的 play()方法呢? 从运行结果看,程序运行选择了后者,演奏笛子用笛子的演奏方法当然是合情合理的。Java 的多态性允许一个以父类对象作为参数的方法接收任何该父类的子类对象作为参数,并且自动选择合适的方法去调用。

那么,这样的多态性给程序员带来什么好处呢? 试想如果程序中为了增加音乐的效果,再加入一种新的乐器,会有什么情况发生呢?

```
class Stringed extends Instrument {              //弦乐器类
    public void play() {
        System.out.println("Stringed.play()");
    }
}
```

新增加弦乐器类,同样覆写 play()方法。然后在 main()方法中创建对象并调用 tune()方法:

```
Stringed violin=new Stringed();
tune(violin);
```

多态的好处再次体现。如果当初的 tune()方法设计成 tune(Wind i),那么新增加 Stringed 类后,还需要为其单独设计 tune(Stringed i)方法。但将 tune()方法设计成 tune (Instrument i)后,无论增加多少种乐器类,该方法无须调整,整个程序都可以正常运行。这给 Java 程序的升级带来了巨大的好处,许多原有的程序结构无须改动,就可增加新的功能。

4.2.7　自主演练

1. 演练任务:成绩排名软件

某校计算机专业招收研究生,其专业方向和考试科目如下。

计算机应用:数据结构,操作系统,组成原理。

软件工程:数据结构,操作系统,面向对象程序设计。

每个学生考试时要填写考号、姓名、身份证号,要求实现以下功能:①采用继承实现类的设计;②分别求出各专业考生的平均成绩,且输出各专业的排名。

2. 任务分析

设计计算机专业类,其中包含考生基本信息和不同专业方向公共的考试科目,因为是按平均成绩排名的,所以还应包含计算平均分的方法和排名的方法,最后还须将排名信息显示出来,所以需要设计显示排名的方法。

两个专业方向,与计算机专业类基本相似,只是多了各自应考的科目,也导致计算平均分的方法会有所不同。在计算机专业类的基础上设计软件工程方向类和计算机应用方向类。

计算所需的数据可以来源于键盘,也可以静态写入数组,或者来源于文件,所以要设计主类完成数据录入,调用相应方法,计算平均分、排名,然后输出结果。

计算机专业类的代码已给出。通过继承语法在 ComputerSpe 类的基础上继承产生 SoftPro 类和 CSPro 类。两个类需要新增各自应考的科目变量,然后覆写父类中的 CountAve()方法,因为考试科目相同,计算平均分的方法也有所差异。主类用循环语句依次从键盘读入数据,然后用继承产生的子类创建对象,分别调用各自的方法完成相应工作。

3. 注意事项

根据需求安排父类和子类中的各成员,两个专业方向共有的成员可安排在父类中,特有的安排在子类中。

注意抽象类的应用,如果两个专业的方法不同,可在父类中设计抽象类,然后在子类中具体实现。

4. 任务拓展

考虑代码的重用性,使得程序可方便地应用于任何专业的考试排名。

4.3 接口和包

4.3.1 目标

通过在窗口上显示字符串案例了解 JavaGUI 程序设计的一般方法,掌握导入 Java 类库的方法,能够应用接口编程。

4.3.2 情境导入

通常在 Windows 系统下使用的软件大多是具有窗口操作界面的应用程序,同样使用 Java 语言也可以开发这样的软件,详细的内容将在后面的章节介绍。本节先利用 GUI 程序设计的一般方法来实现在窗口上显示字符串的功能。

首先要有一个能支持鼠标操作的窗口作为容器,然后需要将按钮控件加入其中,当按钮被单击时,在窗口中央显示一个字符串信息。当然对窗口或控件还需要进行一些基本设置,如窗口的大小,窗口的关闭操作,窗口中控件的位置等。

4.3.3 案例分析

要利用 Java 设计 GUI 程序,就需要用到 Java 的一些基本类库。例如,java.awt 包是 Java 的抽象窗口工具包;java.swing 包是 Java 的扩展窗口工具包;java.awt.event 包是 Java 的事件处理包。由于需要使用这些包中的某些类,所以首先需要使用 import 语句导入这些包。

图形界面至少要有一个顶级 Swing 容器,顶级 Swing 容器为其他 Swing 控件在屏幕上的绘制和处理事件提供支持。Jframe 就是一个常用的顶级容器,用来作主程序窗口。根据继承的思想,继承 Jframe 类就能做出一个主程序窗口,并且可以使用其中固有的一些功能,然后根据自己的需要组织一些需要的控件。

MouseListener 是 Java 事件处理中能支持鼠标事件的一个接口,其中定义了各种鼠标事件的抽象方法,如鼠标单击、按下、释放等。实现这个接口并覆写其中的抽象方法,才能使应用程序响应鼠标事件。

为了兼备 Jframe 和 MouseListener 的特征,设计 Window 类继承 Jframe 类同时实现 MouseListener 接口。需要注意的是,用 extends 关键字继承的父类只能是一个,如果要兼备多个类或接口的特征就需要继承的同时实现某些接口。

4.3.4 案例实施

根据以上分析,第一步用 import 语句导入包;第二步用 extends 关键字继承 Jframe 类,用 implements 关键字实现 MouseListener;第三步在 Window 类中定义构造方法,在其中完成窗口和控件的基本设置;第四步覆写接口中的抽象方法,注意 5 个方法都要覆写;最后用定义好的 Window 类创建对象。

```java
//案例 4.3: 在窗口上显示字符串
//Window.java
package ch04.project;
import java.awt.*;
import javax.swing.*;
import java.awt.event.*;
public class Window extends JFrame implements MouseListener{
    public Window(){
        super("Test windows");                              //初始化父类对象
        setSize(400,300);                                   //设置窗口大小
        setDefaultCloseOperation(JFrame.EXIT_ON_CLOSE);     //设置窗口关闭操作
        setLayout(new FlowLayout());                        //设置窗口布局
        JButton b=new JButton("显示");                      //创建按钮控件
        add(b);                                             //添加按钮控件
        b.addMouseListener(this);                           //给按钮添加事件响应
        setVisible(true);                                   //设置窗口可视
    }
    public void mouseClicked(MouseEvent e){                 //覆写 MouseListener 中的抽象方法
        Graphics g=getGraphics();
        g.drawString("hello", 200, 150);
    }
    public void mouseExited(MouseEvent e){}
    public void mouseEntered(MouseEvent e){}
    public void mousePressed(MouseEvent e){}
    public void mouseReleased(MouseEvent e){}
    public static void main(String[] args) {
        Window w=new Window();
    }
}
```

运行结果如图 4-4 所示。

4.3.5 接口的定义与实现

接口是 Java 面向对象的一个重要思想。利用接口可使设计与实现分离,使利用接口的应用程序不受不同接口实现的影响,不受接口实现改变的影响。在设计的时候人们只要提供一个类的抽象的接口,而并不希望去实现它,因为那是实现阶段的事情。使用接口类型可以完美地解决这个问题。

图 4-4 在窗口上显示字符串案例运行结果

接口在 Java 中还有另外一个非常重要的作用——弥补 Java 只支持单继承的不足，用它来完成多继承的一些功能。要了解接口还需要从抽象类说起。

1. 抽象类和抽象方法

在例 4-16 中，tune(flute)和 tune(violin)都会自行选择各自的 play()方法去执行，而不会调用 Instrument 类中的 play()方法。如果 Instrument 类中的 play()方法被调用，反而是件不合乎逻辑的事情。每种乐器都有自己独特的演奏方式，不可能用通用的方法去演奏，笛子和小提琴的演奏方法是完全不同的。另外 Instrument 类中 play()方法也仅是一个摆设，因为乐器是个抽象的概念，同样乐器的演奏方法也是抽象的，因此也不会被具体的乐器调用。那么 Instrument 类中的 play()方法有何存在价值，能否删除呢？从 Music 类中看出，没有 play()方法也就不能完成 tune(Instrument i)方法的设计，从而也就不能享有多态性给程序设计带来的好处。play()方法不能删除，其存在又是一个摆设，Java 利用抽象方法的概念很好地协调了这一矛盾。

Java 中使用 abstract 关键字来修饰抽象方法，抽象方法仅具有方法首部，而没有方法体，其方法体只能由子类来完成。如果一个类中某个方法是抽象方法，那么编译器强制使用 abstract 来修饰这个类，这个类被称为抽象类。抽象类不能创建任何对象，只能用来由其子类继承，继承抽象类的子类比它的父类更加具体化、特殊化。

用抽象类和抽象方法的概念来改写例 4-16，代码如下：

```
abstract class Instrument {
    public abstract void play();
}
```

当然抽象类还可以存在非抽象的方法或其他成员变量。当继承抽象类时，必须在子类中覆写父类中的抽象方法，如果不这么做那么子类也必须是抽象类，要求用 abstract 来修饰子类。

2. 接口

接口可以视为比抽象类更为抽象的类，因为接口中要求其方法全部是抽象方法。与类不同的是，一个接口可以是一个或多个其他接口的直接继承，也就是说，接口是支持多继承的。同时一个类可以实现一个或多个接口，这意味着在此类中必须实现接口中的所有抽象方法。

定义接口的语法如下：

```
[修饰符] interface 接口名{
    //接口体
}
```

实现接口的语法如下：

```
[修饰符] class 类名 implements 接口名{
    //实现接口中的所有方法
    //新增类自己的方法
}
```

以下通过实例来说明接口的使用方法。

例 4-17 游戏角色设计。

某游戏需要设计多种怪物角色，用面向对象的思想设计程序。角色分类如下。

按地域分：有天上飞的、地上跑的、水里游的。

按攻击方式分：有近距离攻击的、远距离射击的。

```
//Roles.java
package ch04;
//接口设计
interface OnEarth{                              //地上跑的
    int earthSpeed;                             //地上移动速度
    void earthMove();                           //地上移动方法
}
interface InWater{                              //水里游的
    int waterSpeed;                             //水中移动速度
    void waterMove();                           //水中移动方法
}
interface InAir{                                //天上飞的
    int airSpeed;                               //天上飞行速度
    void airMove();                             //天上飞行方法
}
interface NearAttack{                           //近距离攻击
    int nearAttackPower;                        //近距离攻击力量
    void nearAttack();                          //近距离攻击方法
}
interface FarAttack{                            //远距离攻击
    int farAttackPower;                         //远距离攻击力量
    void farAttack();                           //远距离攻击方法
}
//利用接口多继承设计两栖怪物接口
interface Amphibious extends OnEarth,InWater{   //两栖怪物
    void changeSpeed();                         //新增陆地、水中移动速度切换方法
```

```java
}
//利用类实现单接口设计鳄鱼类
class Crocodile implements Amphibious{        //鳄鱼
    void earthMove(){
        //实现地上移动方法
    }
    void waterMove(){
        //实现水中移动方法
    }
    void changeSpeed(){
        //实现速度切换方法
    }
}
//利用类实现多接口设计野狗类
class Tyke implents OnEarth,NearAttack{        //野狗
    void earthMove(){
        //实现地上移动方法
    }
    void nearAttack(){
        //实现近距离攻击方法
    }
}
//利用类单继承同时实现接口设计超级野狗类,除具备普通野狗的技能外还会飞
class SuperTyke extends Tyke implements InAir{    //超级野狗
    void airMove(){
        //实现天上飞行方法
    }
    void takeOff(){
        //新增起飞方法
    }
    void landOn(){
        //新增着陆方法
    }
}
//利用类单继承同时实现多接口设计超级食人鱼类,除具备普通食人鱼的技能外,还可以在地上
//跑,具备远距离攻击的技能
class ManeatFish implements InWater,NearAttack{  //普通食人鱼
    void waterMove(){
        //实现水中移动方法
    }
    void nearAttack(){
        //实现近距离攻击方法
    }
}
class SuperManeatFish extends ManeatFish implements OnEarth,FarAttack{  //超级食人鱼
    void earthMove(){
        //实现地上移动方法
    }
    void farAttack(){
```

```
        //实现远距离攻击方法
    }
    void changeSpeed(){
        //新增速度切换方法
    }
    void changeAttackTool{
        //新增更换攻击工具方法
    }
}
```

本程序仅体现了程序设计思想,没有运行结果。

4.3.6 包的创建与使用

一个大的 Java 软件,常常由多个类组成,这些类以一定的逻辑方式组合在一起形成了所谓的包。包是为了解决大问题,设计较大规模的程序而引入的概念。使用包也使得访问控制权限有了一定的范围。

1. 包的使用

包的说明格式如下:

`package 包名;`

导入包的语法格式如下:

`import 包名.类名;`

用 package 语句声明其后定义的类位于 packageName 指定的包内,对于文件系统来说,就是位于 packageName 指定的文件夹内。当然包名也可采用多级格式,如 dir1.dir2,相当于文件夹 dir1\dir2\。为了防止与别人定义的包名同名,包名通常采用逆序的域名来表示。例如,张三的个人主页的域名是 zhangsan.blog.sina.com.cn,这个域名应该是唯一的,那么张三所写的 Java 程序的包名可以命名为 cn.com.sina.blog.zhangsan,这样文件系统会把张三定义的类组织到 cn\com\sina\blog\zhangsan 文件夹下。

如果所写程序中用到的类不在当前位置,则用 import 语句导入所用到的类。

例 4-18 包的使用。

设计两个不同包 pkg1 和 pkg2,在 pkg1 下设计类 Class1,在 pkg2 下设计类 Class2,然后在 Class2 中访问 Class1 中的变量。

```
//pkg1\Class1.java
package pkg1;
public class Class1{
    public int i;
    public Class1(){
        i=10;
    }
}
//pkg2\Class2.java
package pkg2;
```

```
import pkg1.Class1;
public class Class2{
    public static void main(String[] args){
        Class1 c=new Class1();
        System.out.println(c.i);
    }
}
```

程序的运行结果如下：

10

编辑和运行该程序时需要注意，首先在文件系统某一位置创建两个文件夹，如 D:\pkg1 和 D:\pkg2，然后将 Class1.java 存入第一个文件夹下，Class2.java 存入第二个文件夹下。然后在命令行编译时使用命令 D:\>javac pkg2\Class2.java，运行时使用命令 D:\>java pkg2.Class2。

通常在创建 Java 程序时都需要用 package 语句来声明类所在包，且必须是 Java 文件中的第一条语句。本例中 Class2 要访问到 Class1 中的变量，而 Class1 又位于不同的位置，因此需要使用 import 语句告知 Class1 所在的位置。正像前文例子中用到 Scanner 类来做键盘输入时，需使用 import java.util.scanner 语句来告知 Scanner 类所在的位置。

2. 权限修饰词

Java 的访问权限控制经常用到 3 个关键字：public、private、protected，称为权限修饰词，通常可用来修饰变量、方法和类。当然，这三者之前可以不使用任何权限修饰词，表示默认访问权限。

（1）public

用 public 来修饰变量、方法或类表示允许在类以外的任何地方访问。如例 4-18 中，用 public 来分别修饰类 Class1、变量 i 和构造方法 Class1()，这样使得在 pkg2 的 Class2 中自由访问。

通常一个 Java 文件中如果有多个 class，将包含 main() 方法的类设置为 public class。

（2）private

用 private 来修饰变量或方法表示仅允许在类的内部访问，不允许在类以外的地方访问。如例 4-18 中将 Class1 改为：

```
public class Class1{
    private int i;
    public Class1(){
        i=10;
    }
}
```

那么在 Class2 中是无法访问变量 i 的。但通常是要把类的属性设为私有的，可以通过类内部的 public 方法来访问这些私有属性，这样可以起到保护类内部私有属性的作用。例如：

```
public class Class1{
    private int i;
    public Class1(){
        i=10;
    }
    public void setI(int a){
        i=a;
    }
    public int getI(){
        return i;
    }
}
```

一般不使用 private 来修饰构造方法,因为这样会使在类以外的地方无法创建对象。但也有特殊情况,如需要对对象的创建方法进行限制时,采用如下办法:

```
public class Class1{
    private int i;
    private Class1(){
        i=10;
    }
    public static Class1 getObject(){
        return new Class1();
    }
}
```

这样就不能使用 Class1 c=new Class1()的方法来创建对象了,只能采用 Class1 c=Class1.getObject()的方法。

通常不用 private 来修饰类,因为对于一个类只能在类内部访问,也就失去了类存在的意义。

(3) protected

用 protected 来修饰变量或方法表示允许在类内部或与该类存在继承关系的类中访问。例如:

```
public class Class1{
    protected int i;
    public Class1(){
        i=10;
    }
    protected void show(){
        System.out.println("i="+i);
    }
}
```

变量 i 和方法 show()仅允许在类内部或 Class1 的子类内访问。

通常不用 protected 来修饰类。

(4) 默认访问权限

不使用任何修饰词时表示默认访问权限,默认访问权限表示允许在同一包内访问。

如例 4-18 中将 Class1 改为：

```
class Class1{
    int i;
    public Class1(){
        i=10;
    }
}
```

那么 Class2 是无法访问 Class1 的，因为它们位于不同的包下。只有 pkg1 下的其他类才能访问 Class1 和 Class1 中的变量 i。

此部分内容读者可通过修改例 4-18 自行验证。

3. Java 包

除了用户自定义的包外，在 JDK 中还包含了大量的包，其中组织了各种功能的类，便于用户编程。使用时只须用 import 语句导入即可。表 4-1 中是 Java 提供的部分常用包。

表 4-1　Java 常用包

包　名	功　能
java.applet	提供创建 Applet 所需的类
java.awt	提供创建用户界面以及绘制和管理图形、图像的类
java.beans	提供开发 JavaBean 所需的类
java.io	提供输入/输出所需的类
java.lang	Java 编程语言的基本类库
java.math	提供算数运算所需的类
java.rmi	提供远程访问相关的类
java.net	提供实现网络通信所需的类
java.security	提供网络安全相关的类
java.sql	提供访问数据库的类
java.util	提供日期时间处理、集合等常用工具类
javax.accessibility	提供用户界面相互访问机制
javax.naming	提供命名服务相关的类
javax.swing	提供构建轻量级用户界面的类

表 4-1 中 java.lang 包是 Java 语言最广泛使用的包。它所包含的类是使用其他包的基础，由系统自动导入。程序中不必使用 import 语句就可以使用其中任何一个类，如 String 类。Java.lang 包中所包含的类和接口，对所有实际的 Java 程序都是必要的。

大量的 Java 包及其中的类需要用户在编写程序的过程中慢慢熟悉。

4.3.7　自主演练

1. 演练任务：在窗口上显示/隐藏图片

设计图 4-5 所示的 GUI 应用程序，通过窗口上的按钮来控制图片的显示和隐藏。窗体加载时不显示图片,按钮名称为"显示"。单击按钮后,在窗体上显示图片,按钮名称变为"隐藏",再次单击按钮回到初始状态。

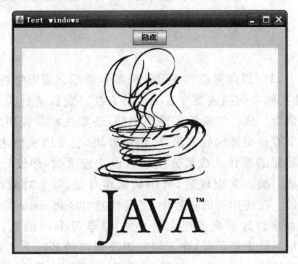

图 4-5 在窗口上显示/隐藏图片

2. 任务分析

本任务既要使用图形操作界面,又要响应鼠标事件。窗体的显示状态只有两种:一是"显示按钮+隐藏图片";二是"隐藏按钮+显示图片"。程序运行时,在这两种状态间来回切换。由于到目前还没有详细地介绍 GUI 编程,所以要找到合适的控件用于盛放图片。

类的设计应该采用类似于案例 4.3 的方法,继承 Jframe 类同时实现 MouseListener 接口。两种状态的记录可设置布尔类型变量,当布尔类型变量为 true 时,控制程序处于状态一,当布尔类型变量为 false 时,控制程序处于状态二。覆写 MouseListener 接口的方法时,在鼠标单击事件中控制布尔类型变量的变化。然后将事件监听器与按钮绑定。

```
//使用 ImageIcon 和 Jlabel 控件来盛放图片
ImageIcon img=new ImageIcon("D:\\java.jpg");
JLabel label=new JLabel(img);
add(label);
//使用 Jlabel 控件的 setVisible()方法来控制图片的显示或隐藏
label.setVisible(true);
label.setVisible(false);
```

3. 注意事项

注意变量的作用域,设置哪些变量为类的成员变量,哪些变量为局部变量。

实现接口时一定要实现其所有的方法,即使该方法什么也不做,也要写空花括号。

继承了 JFrame 类,即可在子类中直接调用父类的一些方法,如设置窗口大小,直接写 setSize(400,300),无须对象名。

4. 任务拓展

用同样的方法，在窗口中加载音频，用按钮来控制音频的播放或暂停。

4.4 小结

本章主要介绍了 Java 面向对象程序设计的基本语法。需要掌握类的结构，包括类的声明和类体，其中类体中包括成员变量和成员方法。成员变量的定义要用权限修饰词和类型声明符来修饰。成员方法除了修饰词外，还需注意参数列表的格式和返回值的问题。成员方法中有一类特殊的方法，即构造方法，它是用来描述如何构造对象的，通常做一些成员初始化的操作。成员方法还可以实现重载，即设计方法名相同，参数列表不同的成员方法。类定义完成后，可用其创建对象，每个对象都可以通过成员操作符操作类中的成员。在使用类的过程中，还要注意 this 和 static 关键词的使用。继承和多态给面向对象程序设计带来了很大的方便，是学习 Java 的重点内容，也是难点。继承和组合是代码重用的主要手段，在了解其语法规范的基础上还要清楚解决实际问题时如何选择。继承的语法中涉及方法的覆写，要与方法的重载区别。如果类之间存在了继承关系，那么在创建对象时一定要关注各级对象初始化的问题。多态使得程序员可以不关注对象的类型，只要是能接收父类对象的方法，也一定能接收其子类对象，多态也使得程序的升级工作量大大减少。接口和包是针对较大规模的 Java 程序所设计。接口使得类的设计与实现分离，使得设计的思路更清晰，逻辑的安排更灵活。包使得类的组织更有序，方便团队开发。

习题

一、问答题

1. 什么是类？
2. 什么是对象？
3. 类与对象的关系如何？
4. 下面哪个是类的构造方法？

```
class MyClass{
    public void MyClass(){}
    public static MyClass(){}
    public MyClass(){}
    public myclass(){}
    public static void MyClass(){}
}
```

二、编程题

1. 定义汽车类，其中包含所有汽车共有的属性如名字、排量、油耗、时速等和行为如点火、熄火、前进、倒退、鸣笛等，然后在测试类中用定义的类来创建对象。

2. 设计 Person 类,包含姓名、年龄、性别等信息,通过构造方法来初始化个人信息,在测试类中创建若干 Person 类对象,并对对象的个数进行计数,创建对象的同时将个人信息送 Console 窗口显示。

3. 设计矩形类,成员变量包括长和宽。类中有计算矩形面积和周长的成员方法。并有相应的私有成员变量读写的成员方法。编写测试类,创建矩形对象,计算并输出其面积和周长。

4. 以例 4-10 为基础,使用继承思想,设计四则运算计算器。

第 5 章 数据流操作

多数应用程序的工作模式都是数据输入、数据处理、数据输出三步模式,所以对于应用程序开发来说数据的输入/输出是一个不可忽视的问题。应用程序所需的数据来自数据源,数据源可以是键盘、磁盘文件或是网络接口等。经过处理的数据又要输出到数据宿,数据宿可以是显示器、磁盘文件、打印机或是网络接口等。因此程序设计语言就要处理与各种数据源、数据宿传输数据的问题,正是数据源和数据宿的多样性决定了输入/输出的复杂性。然而对于程序员来说,他们希望得到的是一种相对统一而且简单的操作方式来处理输入/输出,而不需要关心所涉及的是哪一种数据源或数据宿。Java 引入"流"的概念和"流类"用于输入/输出,满足了程序员的这一希望。

5.1 数据流概述

5.1.1 目标

通过字符序列输入的案例了解 Java 中流的概念及 java.io 包,熟悉 Java 常用的输入/输出类,掌握 Java 标准输入/输出的方法。

5.1.2 情境导入

计算机系统中的标准输入是指通过标准输入设备向程序输入所需的数据,如键盘输入;标准输出是指将程序中的数据送标准输出设备输出,如显示器输出。为了支持标准输入/输出设备,Java 定义了两个流对象——System.in 和 System.out,可以在程序中直接使用,而不用重新定义自己的流对象,因为它们都是类的静态成员。System.out 在前面的章节已经做过介绍,本案例中主要使用一下 System.in。

5.1.3 案例分析

字符序列输入,要求设计一个类从键盘读入一个字符序列,然后送 Console 窗口输出。这是一个 Java I/O 的案例,首先要考虑引入哪些包,本案例中只须引入 java.io 包。其次考虑输入的字符序列保存在什么样的数据结构中,根据前面章节的经验,一个字符序列可以保存在 String 类型的变量中或者字符数组中,然而由于输入方法的限制本案例使用字节数组来存储，由于键盘输入的字符都是 ASCII 码，可以存储在 byte 类型的变量中，显然字符序列可以存储在 byte 数组中。再考虑用什么方法输入，System.in 是标准输入的主要流对象，但其读入方法有多种，本例中使用 int read(byte[] b)读入。最后考虑异常处理，任何 Java I/O 程序都需要做异常处理的工作。另外还需注意的是，输出时须将字节数组转为字符串输出。

5.1.4 案例实施

定义 StringInput 类，其中设计 main()方法完成输入工作。main()方法中，首先提示用户输入字符串，然后用 I/O 语句读入，读入后还须将数组转换为字符串类型，最后送 Console 窗口输出。

```java
//案例 5.1：字符序列输入
//StringInput.java
package ch05.project;
import java.io.*;
public class StringInput{
    public static void main(String[] args){
        byte[] b=new byte[10];
        System.out.println("Input a String:");
        try{
            System.in.read(b);
        }catch(IOException e){
            System.out.println("Input error:"+e);
        }
        String s=new String(b);
        System.out.println("The String is:"+s);
    }
}
```

程序的运行结果如下：

```
Input a String:
Hello!
The String is:Hello!
```

再次运行程序，结果如下：

```
Input a String:
Hello World!
The String is:Hello Worl
```

在程序的运行结果中，看到第二次运行并没有给出完整的字符序列，是因为输入字符的数量超过了 byte[]数组的容量。像这样用户输入字符的数量不可预知的情况下，该如何定义数组并解决这个问题呢？答案在本章后边的内容中会找到。

5.1.5 流的概念及流的包装

什么是流？流使输入/输出的操作方式相对简单，因为程序员处理输入/输出时面对的是输入流或输出流,而不需要花更多的精力去研究它是哪一种数据源或数据宿。那么,流到底是什么呢?可以把流理解为一条管道,这条管道有两个端口,一个端口连接着数据源或数据宿,另一个端口连接着程序。与程序相连的端口向程序员提供了统一的操作方式,也就是说不管流的另一端连接着什么样的数据源或数据宿,与程序相连的这一端对数据的读写操作方法是不变的。有了流,程序和外界的数据交换,都可以通过流实现。当程序要从数据源获得数据时,需要在程序和数据间建立输入流,当程序要把数据送到数据宿时,需要在程序和数据宿之间建立输出流。

Java 语言提供了种类繁多的流。根据流中数据传输的方向分为输入流和输出流,根据流中流动数据的类型分为字符流和字节流,根据工作原理分为节点流和过滤流。

Java 中实现输入/输出的类和接口都包含在 java.io 包中,它们都是 object 类的直接子类,每一个输入/输出流类用来处理一种特定形式的输入/输出。例如,基本输入流(InputStream)和基本输出流(OutputStream)是专门用来处理以 8 位字节为单位的字节流类;Reader 和 Writer 是专门用来处理以 16 位 Unicode 字符为单位的字符流类。这些类都是抽象类,提供了所有子类共用的一些读写操作,子类在此基础上通过继承或实现接口来完成具体的数据输入/输出操作,因此在进行输入/输出操作时,不能用这些抽象类来创建对象,而应该用它们的子类来创建。另外 Java 还提供了 File 类和 RandomAccessFile 类,是专门用来处理文件输入/输出的类。图 5-1 显示了常用的输入/输出流类。

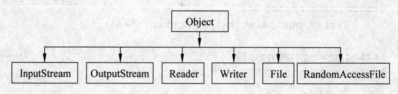

图 5-1　常用的输入/输出流类

因为 InputStream、OutputStream、Reader、Writer 都是基本输入/输出的抽象类,不能用于直接创建对象来完成输入/输出,所以在这些基本类的基础上派生出一些高层应用的子类来完成特定类型或格式的输入/输出操作。图 5-2 显示了 InputStream 类的继承关系。

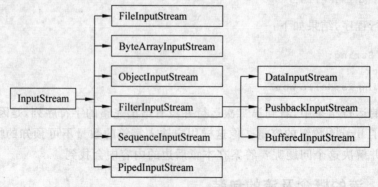

图 5-2　InputStream 类

5.1.6 输入/输出类

Java 定义了 InputStream 抽象类表示基本的输入流。这个类的定义中有一个重要的成员方法,几乎所有的输入流都要使用,那就是 read()方法。该方法被重载提供了 3 种从流读入数据的方法。

int read()从流中读取一个字节并将该字节作为整数返回,若没有数据,则返回-1。

int read(byte[] b)从流中读取多个字节存放到字节数组 b[]中,同时返回实际读取字节的数量。

int read(byte[] b,int off,int len)与上一种方式类似,它同样读取多个字节保存到字节数组 b[]中,同时可以在数组中指定一个单元 off,从此单元开始存储读入的字符,同时可以指定读入字符的最大数量。

Java 定义了 OutputStream 抽象类表示基本的输出流。与输入流类似,它也定义了一个重要的成员方法 write()用于向流中输入。write()方法有如下几种形式:

```
void write(int b)                        //将一个字节写入流中
void write(byte b[])                     //将字节数组 b[]中的所有字节写入流中
void write(byte b[],int off,int len)
                                         //将字节数组 b[]中指定单元开始的指定数量的字节写入流中
```

在使用以上方法时,需要注意的是程序中必须有异常声明或捕获异常的语句,因为这些方法大多可能抛出异常。

System.in 是基本输入流的一个实例,所以它可以调用前文所述的 read()方法,从键盘读入一个字符。例 5-1 从键盘读入一个字符然后送显示器输出。

例 5-1　字符的标准输入/输出。

```
//CharInput.java
package ch05;
import java.io.*;
public class CharInput{
  public static void main(String[] args) throws IOException{
    int i=System.in.read();
    System.out.println(i);
  }
}
```

程序的运行结果如下:

A
65

本例中,由于使用 System.in 的 read()方法可能抛出 IOException 异常,像这样的异常 Java 是强制异常声明或捕获的,因此在 main()方法后做异常声明。而使用 IOException 又需要引入 java.io 包。

当程序运行到 read()方法时,暂停等待键盘输入,直到用户从键盘输入字符并以 Enter 键结束输入。程序继续运行,并将输入的结果显示在显示器上。因为 read()方法将输入的字符以整型值返回,所以看到的结果是输入字符的 ASCII 码值。如果用户想得到输入的字符本身,只须在输出语句中进行强制类型转化,将整型转为字符型,也就是说将最后一条语句改为 System.out.println((char)i)。

从本节案例中不难看出调用 read()方法读入字符序列有一个很大的缺点,就是需要预先指定 byte[]数组的容量。而在不知道用户将要输入字符序列长度的情况下,为保证不出错,只能把数组的容量定义得大一些,无疑这不是一个好的解决方法。针对这个问题可以利用 BufferedReader 类来完成输入,它提供了一种代价较低的字符序列输入方法。BufferedReader 类是 Reader 类的子类,能实现从字符输入流中读取文本并将字符存入缓冲区以便能提供字符、数组的高效读取。其继承关系如图 5-3 所示。

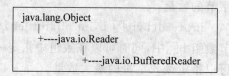

图 5-3 BufferedReader 类

构造 BufferedReader 类对象时,可指定缓冲区尺寸或使用默认尺寸。该默认尺寸对大多数用途来说是足够的。通常,read()操作的每个读请求引起由基本字符或字节流组成的相关的读请求。因此,建议将 BufferedReader 和代价太高的 read()操作的 Reader 来打包构造对象,如 InputStreamReader 和随后要提到的 FileReader。它们的构造方式如下:

```
BufferedReader in=new BufferedReader(new InputStreamReader(System.in));
BufferedReader in=new BufferedReader(new FileReader("file.in"));
```

若无缓冲,则每个 read()或 readLine()调用将字节从标准输入或文件中读出、转换为字符,然后返回。这种处理方法的效率非常低。下面的例子中用 BufferedReader 类来实现字符序列输入。

例 5-2 用 BufferedReader 类实现字符序列输入。

```java
//BuffStringIn.java
package ch05;
import java.io.*;
public class BuffStringIn{
    public static void main(String[] args) throws IOException{
        BufferedReader in=new BufferedReader(new InputStreamReader(System.in));
        System.out.println("Input a Line:");
        System.out.println(in.readLine());
    }
}
```

程序的运行结果如下:

```
Input a Line:
Hello!
Hello!
```

再次运行程序,结果如下:

```
Input a Line:
```

Hello World!
Hello World!

5.2 数据流应用

5.2.1 目标

通过学习本节案例掌握字符流文件和字节流文件操作的常用方法以及具有缓冲功能的文件输入/输出方法。

5.2.2 情境导入

文件复制是日常计算机操作中常用的操作,在这里介绍如何通过 I/O 的方式实现文件复制。可以以某种方式读取被复制的文件,再将读到的内容写入到目标文件中实现文件的复制。针对不同类型的文件可以用不同流类对其进行读写操作,如果被复制的文件是文本文件,可以选择 Reader 类和 Writer 类;如果被复制的文件是二进制文件,可以选择 FileInputStream 类和 FileOutputStream 类。

5.2.3 案例分析

Java 中定义了不同的类分别对文本文件和二进制文件进行操作,本例中使用两种不同的方式来实现不同类型文件的复制。但两种方案的基本思路是相同的,即用循环结构遍历源文件,逐个字符/字节进行遍历,先将读到的字符/字节保存到 int 型变量中,然后用 write 方法写入目标文件。源文件遍历完毕,同时目标文件也已形成。

5.2.4 案例实施

Java 中 Reader、Writer 类以及子类输入/输出过程中以字符为单位处理,而 InputStream、OutputStream 类及其子类则以字节为单位进行处理。故方案一中以字符遍历完成文件复制,方案二以字节遍历完成文件复制。

```java
//案例 5.2:文件复制
//方案一:以 Reader 类和 Writer 类来实现文本文件复制
//CopyText.java
package ch05.project;
import java.io.*;
public class CopyText{
    public static void main(String[] args) throws IOException{
        int i;
        FileReader r=new FileReader("data.txt");
        FileWriter w=new FileWriter("newdata.txt");
        while((i=r.read())!=-1)
            w.write((char)i);
        w.close();
        System.out.println("文本文件复制完成!");
```

```
        }
    }
    //方案二:以FileInputStream类和FileOutputStream类来实现二进制文件复制
    //CopyBinary.java
    package ch05.project;
    import java.io.*;
    public class CopyBinary{
        public static void main(String[] args) throws IOException{
            int i;
            FileInputStream r=new FileInputStream("calc.exe");
            FileOutputStream w=new FileOutputStream("mycalc.exe");
            while((i=r.read())!=-1)
                w.write(i);
            w.close();
            System.out.println("二进制文件复制完成!");
        }
    }
```

方案一的运行结果如下:

文本文件复制完成!

方案二的运行结果如下:

二进制文件复制完成!

测试此案例要求在运行程序前将 data.txt 和 calc.exe 两个文件放置到工程文件夹下,运行程序后打开工程文件夹,发现出现两个新文件——newdata.txt 和 mycaic.exe。打开 newdata.txt 可发现其内容与 data.txt 内容完全相同。运行 mycaic.exe 发现它就是 Windows 系统下的计算器程序,与运行 caic.exe 程序效果完全相同。证明两种方案复制文件成功。

注意事项如下:

(1) Reader 类和 Writer 类主要用于文本文件输入/输出,如果将方案一用于二进制文件复制,复制产生的文件将不可运行。

(2) FileInputStream 类和 FileOutputStream 类主要用于二进制文件输入/输出,如果将方案二应用于文本文件,复制的结果将与方案一相同,所以方案二更为通用。

5.2.5 字节流

通常使用的文件中除了文本文件外还有二进制文件,它们通常是以字节为单位进行处理的。对这样的文件要用字节流来进行读写。FileInputStream 类和 FileOutputStream 类是基本输入/输出流的子类,是专门用来处理字节流文件的。FileInputStream 类和 FileOutputStream 类的构造方法与 Reader 类和 Writer 类的构造方法类似,可以用以指定文件构造或以 File 类对象构造。FileInputStream 类和 FileOutputStream 类继承自基本输入/输出流类,所以它们的 read()方法和 write()方法如前文所述。下面通过两个例子来说明字节流文件的操作。

例 5-3 字节流文件的操作。

```java
//ReadWriteByByte.java
package ch05;
import java.io.*;
public class ReadWriteByByte{
    public static void main(String[] args)throws IOException{
        byte[] b=new byte[128];
        System.out.println("请输入数据,以#号键结束");
        FileOutputStream f1=new FileOutputStream("out.txt");
        int n;
        while(true){
            n=System.in.read(b);
            if(b[0]=='#')
                break;
            f1.write(b,0,n);
        }
        f1.close();
        System.out.println("文件写入结束!");

        System.out.println("以下是从文件中读出的内容: ");
        int i;
        FileInputStream f2=new FileInputStream("out.txt");
        while((i=f2.read())!=-1){
            System.out.print((char)i);
        }
        System.out.println("文件读出结束!");
    }
}
```

程序的运行结果如下:

```
请输入数据,以#号键结束
Hello,how are you?
Fine,thank you,and you?
I'm fine too.
#
文件写入结束!
```

以下是从文件中读出的内容:

```
Hello,how are you?
Fine,thank you,and you?
I'm fine too.
文件读出结束!
```

本例用 System.in 从键盘循环读入数据,用 FileOutputStream 将读入的数据以字节为单位写入到文件中,写入结束后再用 FileInputStream 将文件内容以字节为单位读入程序,并显示在 Console 窗口中。

5.2.6 字符流

要实现文件的输入/输出,需要利用基本输入/输出流的子类或 Reader、Writer 的子类来完成。其中 Reader、Writer 类是 java.io 包中定义的抽象类,是不可以实例化的。实现文件输入/输出利用的是它们的子类——FileReader 和 FileWriter。由于这两个类的读写操作是以字符为单位的,所以把用 FileReader 和 FileWriter 来处理的文件称为字符流文件。

FileReader 类可以在一个指定文件上实例化一个文件输入流,利用流的 read()方法从文件中读取一个字符或一组字符。它的构造方法有如下两种形式:

```
FileReader f=new FileReader("d:\\ch08\\demo.java");       //方法一
```

或

```
File f0=new File("d:\\ch08\\demo.java");                  //方法二
FileReader f=new FileReader(f0);
```

相对来说,方法一要简单一些,它以指定文件为输入源构造一个输入流;方法二以 File 类对象构造一个输入流,这种方法更适合对文件的进一步处理,如获取文件大小、属性信息等。

FileReader 类中的 read()方法是用来从流中读取数据的,它和前面提到的 InputStream 中的 read()方法略有不同,即读取单位不同。

int read() 从流中读取一个字符并将该字符作为整数返回,若没有数据,则返回-1。

int read(char[] b)从流中读取多个字符存放到字符数组 b[]中,同时返回实际读取字节的数量。

int read(char[] b,int off,int len)与上一种方式类似,它同样读取多个字符保存到字节数组 b[]中,同时可以在数组中指定一个单元 off,从此单元开始存储读入的字符,同时可以指定读入字符的最大数量。

例 5-4 字符流文件的读入操作。

```
//ReadByChar.java
package ch05;
import java.io.*;
public class ReadByChar{
    public static void main(String[] args) throws IOException{
        int i;
        FileReader f=new FileReader("rain.txt");
        while((i=f.read())!=-1)
            System.out.print((char)i);
    }
}
```

在工程文件夹下放置文本文件 rain.txt,其中存储一首英文小诗。

程序的运行结果如下:

```
Rain 雨
Rain is falling all around, 雨儿在到处降落,
It falls on field and tree, 它落在田野和树梢,
It rains on the umbrella here, 它落在这边的雨伞上,
And on the ships at sea. 又落在航行海上的船只。
```

从程序的运行结果看出,文本文件中的字母和汉字都以字符形式读到程序中,并显示在 Console 窗口中。另外,创建 File 类对象或 FileReader 类对象时,如果不指定路径,只指定文件名,那么程序将会到工程文件下寻找该文件。

理解了 FileReader 类,再来看 FileWriter 类就更容易了。用 FileWriter 可以实例化一个文件输出流,并可以通过 write() 方法向文件中写入一个字符或一组字符。FileWriter 的构造方法和 FileReader 的构造方法类似。FileWriter 类的 write() 方法跟 OutputStream 的 write() 方法也存在操作单位的不同,这一点与 read() 方法类似。通过下面的例子来看 FileWriter 的使用。

例 5-5 字符流文件的写入操作。

```java
//WriteByChar.java
package ch05;
import java.io.*;
public class WriteByChar{
    public static void main(String[] args) throws IOException{
        FileWriter f=new FileWriter("out.txt");
        for(int i=1;i<1000;i++)
            f.write(i+"  ");
        f.close();
        System.out.println("Output Done!");
    }
}
```

程序的运行结果如下:

```
Output Done!
```

在工程文件夹下发现,出现了一个新的文本文件 out.txt,里边的内容是 1~999 的数字,这就是用循环语句写文件中的内容。本例运行时,如果 out.txt 不存在,程序将新建该文件,并将内容写入其中。如果程序运行前文件已经存在,则本次运行的结果将替换文件的原有内容。在文件写入结束后,一定要调用 close() 方法将文件关闭,否则内容不会被保存到文件中。还需要注意的是,用 FileWriter 类来打开一个只读文件,会产生 IOException。

在 5.2.6 小节中介绍了 BufferedReader 类,将其应用于标准输入,大大提高了读入效率。同样 BufferedReader 类也可用于文件输入/输出,使文件操作具备缓冲功能。在构造 BufferedReader 类对象时,可以以一个 FileReader 类对象来进行构造,由于 BufferedReader 类对象有 readLine() 方法可以成行地将文件内容读入缓冲,改变了

FileReader 类的 read()方法读入低效的状况。readLine()方法读取文件中的行,以字符串形式返回,如果读到文件尾则返回 null 值,可以以此来作为循环读入结束的条件。

例 5-6　利用 BufferedReader 读入文件。

```java
//BuffReadFile.java
package ch05;
import java.io.*;
public class BuffReadFile{
    public static void main(String[] args) throws IOException{
        BufferedReader b=new BufferedReader(new FileReader("data.txt"));
        String s=new String();
        while((s=b.readLine())!=null)
            System.out.println(s);
    }
}
```

程序的运行结果如下:

```
Rain 雨
Rain is falling all around, 雨儿在到处降落,
It falls on field and tree, 它落在田野和树梢,
It rains on the umbrella here, 它落在这边的雨伞上,
And on the ships at sea. 又落在航行海上的船只。
```

与 BufferedReader 类相对应的还有一个 BufferedWriter 类,可使文件输出也具备缓冲功能。BufferedWriter 类是 Writer 类的子类,可将文本写入字符输出流并缓冲字符以便能提供单字符、数组和行的高效写入。其继承关系如图 5-4 所示。

```
java.lang.Object
    |
    +----java.io.Writer
            |
            +----java.io.BufferedWriter
```

图 5-4　BufferedWriter 类

例 5-7　利用 BufferedWriter 写入文件。

```java
//BuffWriteFile.java
package ch05;
import java.io.*;
public class BuffWriteFile{
    public static void main(String[] args) throws IOException{
        BufferedReader r=new BufferedReader(new FileReader("rain.txt"));
        BufferedWriter w=new BufferedWriter(new FileWriter("out.txt"));
        String s=new String();
        int lineNo=1;
        while((s=r.readLine())!=null){
            w.write(lineNo+++": "+s+"\r\n");
        }
        w.close();
        System.out.println("文件写入完成!");
    }
}
```

程序的运行结果如下:

文件写入完成!

本例以 BufferedReader 读入文件内容,以 BufferedWriter 附加行号写入文件,检查工程文件夹新产生 out.txt 文本文件,内容与 rain.txt 相同,只是多了行号。

5.2.7 自主演练

1. 演练任务:简单信息的保存与显示

将学生信息写入文件保存,然后从文件读出显示在屏幕上。

2. 任务分析

任务要求设计 Student 类和 Records 类,Student 类包含学生的个人信息,Records 类完成学生信息在文件中的读写操作,具体要求如下。

(1) Student 类:学生信息包括学号、身份证号、姓名和两门课程的成绩,需要设计构造方法完成学生信息的初始化。

(2) Records 类:用数组组织记录若干学生信息,然后写入文件保存,最后从文件读取学生信息,显示在 Console 窗口中。

(3) Student 类:将学生各项信息设计为成员变量,构造方法中给这些成员变量赋值。

(4) Records 类:定义 Student 类对象数组,以初值表形式给数组元素赋值;以 FileWriter 对象构造具备缓冲功能的文件输出流,用循环控制将数据写入文件,写入时注意字段间以统一分隔符分隔。以 FileReader 对象构造具备缓冲功能的文件输入流,用循环控制读入数据。需要注意的是,读入的数据是字符串类型,即每行一个字符串,那么如何将字符串中的各个字段分离出来呢?因为保存的数据中有字符串类型又有整型,所以此项工作分两步完成。首先将字符串按写入时的统一分隔符进行分隔,可以通过 String 对象的 split()方法完成;然后按每个字段原有的类型进行转化,得到想要的数据类型;最终将读入到数组中的数据打印至显示器。

3. 注意事项

(1) 写入文件时的分隔符和字符串分隔中指定的分隔符要一致,如本例中统一用 Tab 分隔符。

(2) 字符串分隔后的结果是多个字符串,应将 split()方法的结果赋值给字符串数组。

(3) 将分隔后的字符串转为整型,不可用强制类型转化(int)stu[ ],而要用 Integer.parseInt()方法转化。

5.3 文件类及其应用

5.3.1 目标

通过文件操作案例掌握文件的创建方法及常用的文件操作。

5.3.2 情境导入

除了利用文件进行输入/输出操作外,针对文件本身还有很多操作,例如查看文件的大小,查看文件的读写属性等。对文件的日常操作中经常需要查看文件的属性,如前文向文件写入的操作,如果文件不具有写权限,那么就会发生异常,因此考虑到程序健壮性,在对文件进行写入操作前最好判断一下文件是否可写,不可写则给出提示信息。像这样的应用还有很多,可以利用Java中提供的File类的相应方法来实现。

5.3.3 案例分析

对文件进行操作,一定需要创建一个File类的对象,这个对象的创建比较简单。在前面的章节中,曾经创建过,只是前文是为了用File类对象来构造流对象,在这里则要对File类对象本身进行操作。本案例中列举了对文件进行常用操作的方法。

5.3.4 案例实施

File类的方法很多,在实际应用中,根据需要调用其方法,本例并没有完成一项实际工作,只是对各种方法调用的结果做一个罗列,以便观察调用效果。文件类的各方法在文件存在的前提下调用有效,否则会报异常。

```java
//案例5.3：文件操作
//FileTest.java
package ch05.project;
import java.io.*;
import java.util.Date;
public class FileTest{
    public static void main(String[] args) throws IOException{
        File f=new File("d:\\ch08\\FileTest.java");
        if(f.exists()){
            System.out.println("文件绝对路径："+f.getAbsolutePath());
            System.out.println("文件所在目录："+f.getParent());
            System.out.println("文件是否可写："+f.canWrite());
            System.out.println("对象是否文件："+f.isFile());
            System.out.println("对象是否目录："+f.isDirectory());
            Date d=new Date(f.lastModified());
            System.out.println("最后修改时间："+d);
            System.out.println("文件字节数量："+f.length());
            System.out.println("文件描述信息："+f);
        }
        else
            System.out.println("文件不存在!");
    }
}
```

程序的运行结果如下：

文件不存在!

将本程序复制至 d:\ch08\文件夹，然后运行程序，运行结果如下：

```
文件绝对路径: d:\ch08\FileTest.java
文件所在目录: d:\ch08
文件是否可写: true
对象是否文件: true
对象是否目录: false
最后修改时间: Sun Dec 06 20:15:57 CST 2009
文件字节数量: 666
文件描述信息: d:\ch08\FileTest.java
```

5.3.5 文件的创建与使用

Java 中定义了 File 类，专门用来管理文件和目录。File 类也是包含在 java.io 包中的，但 File 类与包中的其他类有所不同，java.io 包中大多数类都是有关流操作的，而 File 类则是独立的，是专门针对文件和目录管理的。有关文件输入/输出流操作的类在 Java 中另行定义，如 FileInputStreaming 和 FileReader 等。也就是说 File 类是不具备输入/输出功能的。那么 File 类到底能做些什么呢？它可以实现诸如文件或目录的创建、删除、重命名和获取文件的属性信息等功能。下面列出了 File 类常用的成员方法：

```
public String getName()                //返回文件名
public String getPath()                //返回文件路径
public String getAbsolutePath()        //返回文件绝对路径
public String getParent()              //返回文件的父目录
public boolean exists()                //判断文件是否存在
public boolean canWrite()              //判断文件是否可写
public boolean canRead()               //判断文件是否可读
public boolean isFile()                //判断对象是否是文件
public boolean isDirectory()           //判断对象是否是目录
public long lastModified()             //返回文件最后修改日期
public long length()                   //返回文件长度
public boolean mkdir()                 //创建目录
public boolean mkdirs()                //创建目录及子目录
public boolean renameTo()              //重命名文件
public String[] list()                 //列出目录下的所有文件和目录
public boolean delete()                //删除文件
public String toString()               //返回文件的字符串描述
```

从这些方法可以看出，File 类不仅能实现对已有文件和目录进行相关操作，还可以实现利用 File 类对象新建目录，甚至是一个完整的路径。同时还可以通过文件对象了解文件的属性，检查一个对象是文件还是目录，以及删除文件等操作。

File 类对象的构造方法有如下 3 种格式：

```
File(String path);                     //格式 1

File(String path,String name);         //格式 2

File(File dir,String name);            //格式 3
```

格式 1 中 path 是包含目录和文件名的字符串，如果没有文件名则代表目录。例如：

```
File f1=new File("d:\\ch08\\project\\proj.java");
File f2=new File("d:\\ch08\\project");
```

前者创建 File 类对象 f1 与文件 proj.java 相关联，后者创建对象 f2 与目录 project 相关联。注意字符串中的"\\"转义字符，表示"\"本身。

格式 2 中，将路径和文件名分为两个参数，path 表示操作对象所在路径，name 表示操作对象的名称，可以是文件名也可以是目录名。例如：

```
File f1=new File("d:\\ch08\\project","proj.java");
File f2=new File("d:\\ch08"," project ");
```

格式 3 中，dir 表示一个已经创建的 File 类对象（与目录关联），name 同上。例如：

```
File f1=new File("d:\\ch08\\project");
File f2=new File(f1,"proj.java");
```

本节案例中采用格式 1 创建 File 类对象 f。然后通过 File 类的 exists()方法判断 f 对象关联的文件是否存在，存在则返回文件相关信息，不存在则以字符串提示。返回的文件相关信息就利用了前文所列出的 File 类方法，其中 lastModified()方法返回值是 long 类型，不方便阅读，将其转换成 Date 类型对象进行输出。

例 5-8　目录操作。

```java
//ListDir.java
package ch05;
import java.io.*;
public class ListDir{
    public static void main(String[] args) throws IOException{
        File f=new File("c:\\");
        String[] s=f.list();
        for(int i=0;i<s.length;i++)
            System.out.println(s[i]);
    }
}
```

程序的运行结果如下：

```
AUTOEXEC.BAT
boot
boot.ini
bootfont.bin
…
```

本例中创建了一个与目录关联的 File 类对象，然后调用目录操作的相关方法。程序的运行结果显示了系统中 C 盘根目录下的所有文件和目录，所列内容可能不尽相同，因为不同的计算机 C 盘下的内容可能有所不同。File 类的 list()方法是用来列出目录下内容的，其返回值是一个字符串数组，数组中的每一个元素就是一个文件名或目录名。

5.3.6 随机文件流

前文对文件的读写操作都属于顺序读写,但有时候对文件的访问不一定都是这样,比如说只想得到文件内容的某一部分而不是全部,这样就没有必要把这个文件的内容从头读到尾。如果能对文件内容提供一种准确的定位方法,则可以实现文件的部分读取。Java 提供了 RandomAccessFile 类,可以对文件进行随机读写操作,可以从文件的一条记录任意地跳转到另一条记录。下面通过一个简单的例子来叙述一下 RandomAccessFile 类的工作过程。

例 5-9 随机文件流操作。

```java
//RandomAccess.java
package ch05;
import java.io.*;
public class RandomAccess{
    public static void main(String[] args) throws IOException{
        File f=new File("rnd.txt");
        RandomAccessFile r=new RandomAccessFile(f,"rw");
                                                        //r,w 表示文件可读可写
        r.write("Java programing is fun!".getBytes());
        r.writeChar('\n');
        r.write("I like Java programing!".getBytes());
        r.writeChar('\n');
        r.seek(0);
        System.out.println(r.readLine());
        r.seek(25);
        System.out.println(r.readLine());
    }
}
```

程序的运行结果如下:

```
Java programing is fun!
I like Java programing!
```

5.3.7 自主演练

1. 演练任务:学生信息读写

在 5.2.7 小节中,文件中读写的数据不全是字符类型,使用的方法是先将数据以字符类型读入,然后再进行数据类型转化。但这样的转化有时可能造成精度的损失,有没有一种方法能够直接对文件中的各种基本数据类型进行读写而不需要转化呢? DataInputStream 类和 DataOutputStream 类就能帮助解决这个问题。这两个类能直接操作文件中的基本数据类型和 Unicode 编码格式的字符串,这样就不用关心字段之间的分隔了。

2. 任务分析

DataInputStream 类和 DataOutputStream 类分别是 FilterInputStream 和 FilterOutputStream 类的子类,它们本身不能单独实现数据的输入/输出,必须和其他流类对象

结合才能实现不同数据类型的读写。如与 FileInputStream 类与 FileOutputStream 类对象结合。其构造形式如下：

```
FileInputStream f=new FileInputStream("stu.txt");
DataInputStream d=new DataInputStream(f);
```

接下来就可以调用 DataInputStream 对象的读入方法从文件中读取指定类型数据了，如 readBoolean()、readByte()、readChar()、readDouble()、readInt()等。同理，输出流对象构造形式如下：

```
FileOutputStream f=new FileOutputStream("stu.txt");
DataOutputStream d=new DataOutputStream(f);
```

向文件写入指定类型数据的方法有 writeBoolean()、writeByte()、writeChar()、writeDouble()、writeInt()等。

用 DataInputStream 类和 DataOutputStream 类改写 5.2.7 小节的例子。

3. 注意事项

检查工程文件夹下 stu.txt 文本文件，发现其中字段分隔处显示一些特殊符号，这是 DataInputStream 类和 DataOutputStream 类用于区分写入数据的标识，可以不去关心它，只要能保证数据写入和读出时的完整性就行。

5.4 小结

Java 把不同类型的数据源和数据宿的操作统一称为数据流的操作。对流操作的一致性，使程序员可以不去关心数据源和数据宿的类型。

InputStream 类和 OutputStream 类是处理以 8 位字节为单位的字节流；Reader 和 Writer 是处理以 16 位字符为单位的字符流。在这些基本流类的基础上派生出一些具体流类可实现不同类型或格式的输入/输出操作。

System.in 和 System.out 是实现基本输入/输出的两个流对象。借助 BufferedReader 类可以实现具有缓冲功能的标准输入。

File 类是实现文件和目录管理的类，它本身并不具备输入/输出功能，但在许多流对象的构造过程中，可以使用 File 对象直接进行构造。

FileReader 和 FileWriter 可实现以 16 位字符为单位的输入/输出操作。

FileInputStream 和 FileOutputStream 可实现以 8 位字节为单位的输入/输出操作。

BufferedReader 和 BufferedWriter 可使文件输入/输出具备缓冲功能，从而提高读写效率。

DataInputStream 和 DataOutputStream 可实现对文件中基本数据类型的读写操作，摆脱了对文件操作都以字符串为单位进行处理的窘境。

RandomAccessFile 类提供了强大的文件随机访问功能，文件随机读写是除了顺序读写之外的另一种重要的文件读写方式。

习题

1. 编写程序从键盘读入字符串保存到文件 file1 中，再将 file1 中的内容复制到 file2 中。

2. 编写程序将以下商品信息(见表 5-1)保存到文件中，然后读取文件中的数据按金额降序排序后打印。要求设计商品类，包括商品编号、商品名称、商品单价、商品数量、商品金额，其中商品金额＝商品单价×商品数量。设计主类完成数据组织和文件记录读写操作。

表 5-1 商品信息表

商品编号	商品名称	商品单价	商品数量
100001	高露洁牙膏	4.3	8500
100002	立白洗洁精	3.8	3200
100003	飘柔洗发水	18.5	900
100004	卡玫尔沐浴露	37.6	750

第6章 Java的图形用户界面

图形用户界面(GUI)是主流语言中不可或缺的一部分,Java也不能例外。可视化的组件编程在Java最早的版本中就已经出现,随着Java版本的更替,图形用户界面也在不断地演进中。它们分别是第一版的AWT和第二版的Swing。但是由于AWT处于更底层更基础的位置而Swing是AWT的延伸和拓展,所以在学习本章的过程中先从AWT开始,再逐步过渡到Swing。

本章将采用Java的基本编辑和编译方式来讲解图形用户界面的制作和使用。如果读者已经习惯使用集成开发环境(IDE)来生成程序中的控件,比如使用Microsoft Visual Basic编程,那么在学习本章内容时可能有些不适应,但是当读者了解了Java控件的基本构造原理后,则在Java图形用户界面编程方面的能力会有质的飞跃,然后再使用Java的集成开发环境编程,可以达到事半功倍的效果。

6.1 图形界面设计

6.1.1 目标

熟悉Java图形用户界面制作的基本方法和过程。

6.1.2 情境导入

在操作系统经历了从简单到复杂的人机交互方式后(以大家熟知的DOS操作系统为代表),人们逐渐意识到如果希望计算机能更好地为大众服务并进入非专业人士的工作和生活中,就必须改变原有单调的人机交互方式,于是图形用户界面应时而生(以目前最为流行的Windows系列为代表)。图形用户界面的出现给计算机的使用带来了革命性的改变,用户在使用某个应用程序时只须在各种已给定的界面上根据需要进行单击或输入即可。

于是作为图形用户界面程序的编制者来说第一个任务就是如何制作某个界面,并将其显示到屏幕上。

6.1.3 案例分析

制作一个程序模拟用户登录的过程,在这个程序中需要绘制用户名和密码的输入框,登录和注册新用户按钮以及正确排布各控件的位置并显示。制作登录界面流程图如

图 6-1 所示。

6.1.4 案例实施

在初学图形用户界面编程时,如何能做出一个可显示的框架是本例的关键所在。可根据流程图经下列步骤完成程序。

(1) 制作主窗体。
(2) 向主窗体中添加组件并设置相应属性。
(3) 显示主窗体。

```java
//案例 6.1: 制作登录界面
//Login.java
package ch06.project;
import java.awt.*;
public class Login {
    public static void main(String[] args)
    {
            Frame f=new Frame("登录界面");
            TextField message=new TextField("用户名");
            TextField password=new TextField("密码");
            Button login=new Button("登录");
            Button newUser=new Button("注册新用户");
            f.setSize(240,240);
            f.setLayout(null);
            f.setBackground(Color.gray);
            message.setBounds(50,60,140,20);
            password.setBounds(50,100,140,20);
            login.setBounds(50,160,50,20);
            newUser.setBounds(120,160,70,20);
            f.add(message);
            f.add(password);
            f.add(login);
            f.add(newUser);
            f.setVisible(true);
    }
}
```

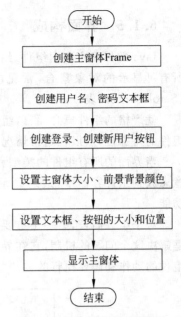

图 6-1 制作登录界面流程图

图 6-2 用户登录界面演示

程序的运行结果如图 6-2 所示。

在本章的界面基础讲解中,组件大部分都被包含在 java.awt 包中,所以在程序的开始导入包 java.awt.*。

Frame 类在此程序中起着主窗体的作用,也可以称为组件容器,它起着承载其他组件的功能,并且在程序中将其背景色设置为灰色。

Button(按钮)、TextField(文本框)是本程序的主要构成组件,并在程序中使用 setBounds 方法设置它们的位置和大小。

6.1.5 界面构成

Java 的界面主要由组件、组件容器、外观控制和事件处理构成。其中组件是 Java 中所有可显示的对象集合,常见的有按钮(Button)、标签(Label)、菜单(Menu)、滚动条(ScrollBar)、列表(List)等。

就严格的组件概念而言,组件容器本身也是组件的一种。但是由于它可以承载其他组件的特殊性,所以在通常情况下会将组件容器单独分类。

当界面的所有组件的类型和个数都已确定之后,当务之急就是把它们按照程序员的意志放到组件容器中,最终显示到终端。Java 中的外观控制部分正是完成这样需求的功能。

对于组件而言,另一个重要的内容是,如何让组件执行相应的功能。事件处理模块便是解决这个问题的机制,它在界面的构成中是一个相对独立的模块。其主要的功能是将组件的动作和需要执行的方法关联起来。Java 界面的构成如图 6-3 所示。

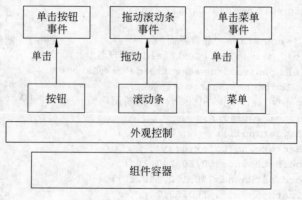

图 6-3 Java 界面的构成

6.1.6 JFC 的组成

JFC(Java Foundation Classes)是一组 Java 图形用户界面(Graphical User Interface,GUI)及相关操作和图形绘制功能的相关集合。由于在使用过程中绝大部分 Java 图形用户界面程序都是依赖于 JFC 中所包含的基础功能,因此 JFC 被称为基础类。

JFC 中主要包含如下几个功能模块:AWT、Swing、Java 2D、数据传输类,如图 6-4 所示。

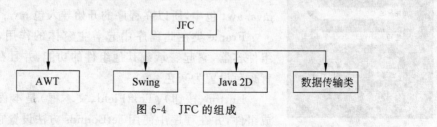

图 6-4 JFC 的组成

AWT(Abstract Windowing Toolkit,抽象窗口工具箱)是 Java 提供的图形基础版本图形用户界面功能的类库。AWT 是 Java 中高级图形用户界面功能的创建基础,甚至是整个 JFC 高级功能的基础。尽管在 Java 1.2 版本后其部分功能被更高级的 Swing 所代替,但是有些情况下仍然不得不使用 AWT,例如将在第 7 章中学到的 Applet。

Swing 是建立在 AWT 基础上的更高级的 Java 图形用户界面功能集合。它使用纯 Java 编写,真正实现了 GUI 的跨平台编程,并提供了更多的有关 GUI 的功能。Swing 程序使用可插拔的界面外观风格,使得 Swing 使用比较少的代码就可以创建相对丰富的功能。

Java 2D 的引入是为了加强 AWT 中的绘制功能。Java 2D 中的 API 丰富了 AWT 中 Graphics 类和 Image 类的功能,提高了二维图形、图像和文字的绘制性能。

数据传输类主要的功能是通过剪切板等方式在程序间传递数据。

6.1.7 自主演练

1. 演练任务:个人信息录入界面

2. 任务分析

作为图形用户界面的第一个自主演练,要求读者完成一个可以录入个人信息的界面。下面以录入学生信息为例,在界面的组成部分里可以包含学生的姓名、学号、身份证号、出生年月、性别、年龄、籍贯、现户口所在地、家庭住址、常用联系方式等填写具体学生信息组件,以及填写完毕后用来提交的"确认"按钮,退出的"取消"按钮和清除的"重置"按钮。

3. 注意事项

由于受到所学图形用户界面知识内容的限制,所以某些类似性别这样的信息使用单选框表示可能更加直观也更符合用户的使用习惯。如果读者希望提前使用这些组件,可直接到本章的其他章节查找各种组件的使用细节。

4. 任务拓展

读者可尝试为"清除"按钮编写事件。

6.2 事件和事件处理

在 6.1 节的案例中重点解决了如何制作控件并将其显示在屏幕上的问题。但是当控件在屏幕上显示之后,单击各个控件时却没有任何响应。因此,如何让组件建立响应机制是本节要解决的问题。

6.2.1 目标

学习事件的概念、分类。熟悉并掌握各种事件的表现方式和编程方法。

6.2.2 情境导入

即时通信软件对于每个人的生活影响都是巨大的,在网络盛行的今天,每个人几乎都在使用互联网这种方便快捷的途径进行沟通,腾讯公司出品 QQ 和微软公司的 MSN 等都是目前比较主流的聊天工具。

本案例以一个和 QQ 对话状态相似的组件界面来演示文本组件的 textValueChanged 事件。

6.2.3 案例分析

制作两个文本框,分别代表公共聊天窗口和个人输入文本框。当程序中的个人对话框接收到文字信息后自动将其显示到公聊窗口中。聊天程序的流程图如图 6-5 所示。

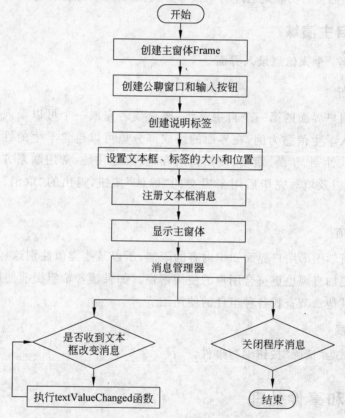

图 6-5 聊天程序的流程图

6.2.4 案例实施

通过流程图可知,Java 组件生成消息以及消息的流转并不是程序员需要关心的工作。如何让组件在发生了某个消息事件之后产生响应,该响应的具体执行流程才是事件处理的重点。下面列出了本案例的实施步骤。

(1) 制作主窗体。
(2) 制作公聊组件 TextArea 和输入组件 TextField。
(3) 显示主窗体。

```
//案例 6.2：制作聊天室
//Chat.java
package ch06.project;
import java.awt.*;
import java.awt.event.*;
public class Chat {
    static Frame mf=new Frame("聊天室");
    static TextArea content=new TextArea("",5,35,TextArea.SCROLLBARS_BOTH);
    static Label l=new Label("请输入:");
    static TextField message=new TextField(25);
    public static void main(String[] args)
    {
        mf.setSize(300,300);
        mf.setLayout(new FlowLayout(FlowLayout.LEFT));
        mf.add(content);
        mf.add(l);
        mf.add(message);
        mf.setVisible(true);
        message.addTextListener(new TextPro());
    }
    static class TextPro implements TextListener{
        public void textValueChanged(TextEvent e){
            content.setText("您对大家说:"+message.getText());
        }
    }
}
```

程序的运行结果如图 6-6 所示。

TextArea.SCROLLBARS_BOTH 代表 TestArea 组件的滚动条出现状况：横向和纵向均出现。在文本组件消息的编写中，程序首先实现了接口 TextListener，然后对接口中要求覆盖的 textValueChanged(TextEvent e)方法给出了重新的定义。

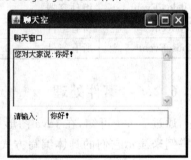

图 6-6 聊天室运行状态

6.2.5 事件类

在图形用户界面程序中，一个事件通常由组件、消息和消息处理方法构成。用一个 Button 被单击为例，可以对应以下 3 个步骤。
(1) 按钮被单击。
(2) Java 程序检测到这个单击动作。
(3) 调用单击动作对应的动作，也就是对应单击的执行方法。

在本节前面的例子中，读者可以发现在程序中触发组件事件，比如单击按钮后只会出现组件自带的显示效果。如看到按钮被单击,除此之外没有任何其他事件发生,这其中的原因就出现在上述事件组成中的步骤(3)。系统只会帮助程序员自动完成步骤(1)和步骤(2),而步骤(3)是需要程序员手动完成的。

当程序中放置了某个组件后,这里仍以按钮为例,程序员首先应完成的是消息注册,即通知 Java 系统,当单击按钮事件发生时应该调用的方法名称是什么,位置在哪里。然后是程序逻辑,即按钮被单击后程序应该做什么,完成哪些功能。其中对应关系如图 6-7 所示,在 Java 类库中拥有一个系统类 ActionListener,专门用来注册事件与执行逻辑的对应关系。于是程序员需要做的仅仅是写好组件动作时需要执行的程序逻辑,然后通过 ActionLister 将其对应到具体的组件动作上即可。

图 6-7 消息注册示意图

表 6-1 列举了 Java 中常见的事件类。

表 6-1 事件的分类

事件种类	发生该事件的常用组件	说 明
ActionEvent	Button、List、TextField、Menu	在某个组件上执行动作,如单击按钮,选择菜单,选择列表框中的选项,在文本框中按 Enter 键时发生
AdjustmentEvent	Scrollbar	拖动滚动条时发生
ItemEvent	Checkbox、Choice、List	选择 Checkbox、Choice、List 时发生
TextEvent	TextField、TextArea	TextField、TextArea 中文字发生改变时发生
WindowEvent	组件容器	当整个程序窗体最大化,最小化时发生
KeyEvent	所有组件	当按键盘按键时发生
MouseEvent	所有组件	当按鼠标按键时发生

6.2.6 事件处理

通过表 6-1 可知,在 Java 图形用户界面中事件的类型是有多种表现方式的。下面分别举例来演示它们的具体编写方式。

1. 单击按钮事件

例 6-1 注册 Button 组件单击消息。

```
//ActionE.java
package ch06;
import java.awt.*;
import java.awt.event.*;
public class ActionE {
    static Frame mf=new Frame("my frame");
    static Button b1=new Button("按钮 1");
    static Button b2=new Button("按钮 2");
    public static void main(String[] args){
```

```
            mf.setSize(300,300);
            mf.setLayout(null);
            b1.setBounds(80, 120, 70, 30);
            b2.setBounds(150, 120, 70, 30);
            mf.add(b1);mf.add(b2);
            b1.addActionListener(new ActionPro());
            b2.addActionListener(new ActionPro());
            mf.setVisible(true);
        }
    static class ActionPro implements ActionListener{
        public void actionPerformed(ActionEvent e){
            if(e.getSource()==b1)
                mf.setBackground(Color.blue);
            else if(e.getSource()==b2)
                mf.setBackground(Color.red);
        }
    }
}
```

程序的运行结果如图 6-8、图 6-9 所示。

图 6-8　单击按钮 1 更换背景

图 6-9　单击按钮 2 更换背景

ActionEvent 事件是 Java 组件中最常使用的一种事件。它常发生在某个组件执行动作时，如单击按钮，选择菜单，选择列表框中的选项，在文本框中按 Enter 键等。

2．调整滚动条事件

例 6-2　注册 Scrollbar 组件拖动消息。

```
//AdjusetE.java
package ch06;
import java.awt.*;
import java.awt.event.*;
public class AdjusetE {
    static Frame mf=new Frame("播放进度");
    static Label l=new Label("start",Label.CENTER);
    static Scrollbar s=new Scrollbar(Scrollbar.HORIZONTAL,0,1,0,100);
    public static void main(String[] args){
        mf.setSize(300,300);
```

```
        s.addAdjustmentListener(new AdjustmentPro());
        mf.setLayout(null);
        s.setBounds(100, 90, 120, 30);
        l.setBounds(50, 90, 50, 50);
        mf.add(s);
        mf.add(l);
        mf.setVisible(true);
    }
    static class AdjustmentPro implements AdjustmentListener{
        public void adjustmentValueChanged(AdjustmentEvent e){
            l.setText(""+s.getValue());
        }
    }
}
```

程序的运行结果如图 6-10、图 6-11 所示。

图 6-10　进度条初始状态

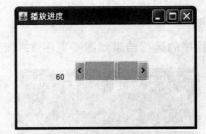
图 6-11　进度条拖动后状态

本例中通过拖动滚动条使得 Label 组件中的数字发生变化这一方式展示了 AdjustmentEvent 事件的发生过程。

3. 列表选项变化事件

例 6-3　列表选项变化。

```
//AdjusetE.java
package ch06;
import java.awt.*;
import java.awt.event.*;
public class ItemEnv
{
    static Frame mf=new Frame("my frame");
    static List lt=new List();
    static Label lb=new Label();
    public static void main(String[] args){
        mf.setSize(300,300);
        mf.setLayout(null);
        lt.add("语文");
        lt.add("数学");
        lt.add("英语");
        lt.setBounds(20,60,150,80);
```

```
            lb.setBounds(20,160,150,30);
            lb.setBackground(Color.GRAY);
            lt.addItemListener(new ItemPro());
            mf.add(lt);
            mf.add(lb);
            mf.setVisible(true);
    }
    static class ItemPro implements ItemListener
    {
            public void itemStateChanged(ItemEvent e){
                lb.setText(lt.getSelectedItem());
            }
    }
}
```

程序的运行结果如图 6-12、图 6-13 所示。

图 6-12　选择列表框中"语文"选项

图 6-13　选择列表框中"英语"选项

4. 键盘事件

键盘事件是最常用的事件用户，它的使用过程比较简单，分为 3 个过程：按按键、输入、离开按键。

例 6-4　注册键盘消息。

```
//KeyEvt.java
package ch06;
import java.awt.*;
import java.awt.event.*;
public class KeyEvt {
  static Frame mf=new Frame("my frame");
  static Label l1=new Label();
  static TextField t=new TextField();
  static Label l2=new Label();
  static Label l3=new Label();
  public static void main(String[] args){
      l1.setFont(new Font("宋体",Font.BOLD,16));
      l2.setFont(new Font("隶书",Font.BOLD,20));
      l3.setFont(new Font("楷体_GB2312",Font.BOLD,24));
      mf.setSize(300,300);
      mf.setLayout(new GridLayout(4,1));
```

```
        mf.add(l1);
        mf.add(l2);
        mf.add(l3);
        mf.add(t);
        mf.setVisible(true);
        t.addKeyListener(new KeyPro());
    }
    static class KeyPro implements KeyListener{
        public void keyPressed(KeyEvent e){
         l1.setText("您按了"+e.getKeyChar()+"按键");
        }
        public void keyTyped(KeyEvent e){
          l2.setText("您输入的内容"+e.getKeyChar());
        }
        public void keyReleased(KeyEvent e){
          l3.setText("您离开了按键"+e.getKeyChar());
        }
    }
}
```

程序的运行结果所图 6-14 所示。

5. 鼠标事件

鼠标事件包括单击按键、鼠标进入或离开某个组件、长时间按住按键和松开鼠标按键。

例 6-5 注册鼠标消息。

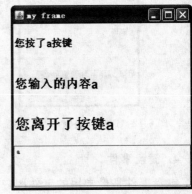

图 6-14 按按键的事件演示

```
//MouseEvt.java
package ch06;
import java.awt.*;
import java.awt.event.*;
public class MouseEvt {
    static Frame mf=new Frame("my frame");
    static Label l=new Label();
    static TextField t=new TextField();
    public static void main(String[] args)
    {
        //l.setBounds(10,30,50,50);
        mf.setSize(200,200);
        mf.setLayout(new BorderLayout());
        mf.add(BorderLayout.SOUTH,l);
        mf.add(BorderLayout.NORTH,t);
        t.addMouseListener(new MousePro());
        mf.setVisible(true);
    }
    static class MousePro implements MouseListener{
        public void mouseClicked(MouseEvent e){
            l.setText("单击鼠标");
        }
```

```
            public void mouseEntered(MouseEvent e){l.setText("进入文本框");}
            public void mouseExited(MouseEvent e){l.setText("离开文本框");}
            public void mousePressed(MouseEvent e){l.setText("长时间按住鼠标按
            键");}
            public void mouseReleased(MouseEvent e){l.setText("松开鼠标按
            键");}
    }
}
```

程序的运行结果如图 6-15～图 6-17 所示。

图 6-15　进入文本框

图 6-16　离开文本框

图 6-17　在文本框中按住鼠标按键

6. 窗口事件

在前述例子的使用过程中，最让人感觉不适应的地方是单击窗体右上角的"关闭"按钮时，程序没有任何响应。从编程的角度考虑，说明关闭窗口这样的工作是由程序员手动完成而不是窗体自带的。下面通过具体实例演示如何为某个窗体添加关闭事件。

例 6-6　关闭窗口。

```java
//WindowEvt.java
package ch06;
import java.awt.*;
import java.awt.event.*;
public class WindowEvt {
    static Frame mf=new Frame("关闭窗口");
    public static void main(String[] args){
        mf.setSize(260,220);
        mf.addWindowListener(new WindowClose());
        mf.setVisible(true);
    }
    static class WindowClose implements WindowListener{
        public void windowActivated(WindowEvent e) {}
        public void windowClosed(WindowEvent e) {}
        public void windowClosing(WindowEvent e) {
            System.exit(0);
        }
        public void windowDeactivated(WindowEvent e) {}
        public void windowDeiconified(WindowEvent e) {}
        public void windowIconified(WindowEvent e) {}
        public void windowOpened(WindowEvent e) {}

    }
}
```

在例 6-6 中，为了让窗口具备关闭功能，程序实现了接口 WindowListener，并覆盖了其中所有的方法。但是细心的读者可能已经发现,在本例中仅仅使用了 WindowListener 接口中的一个 void windowClosing(WindowEvent e)方法,其他方法体都是空的。之所以在类 WindowClose 中出现空白方法是因为在系统给定的 WindowListener 接口中包含如 void windowActivated(WindowEvent e)等 7 个方法,又根据面向对象理论中有关接口的规定,必须在具体类中实现接口中的抽象方法,所以在 WindowClose 类中没有被用到的方法被保留成为空方法。

上述办法虽然可以完成预定目标,但是毕竟有些费时费力,为了解决这个问题,Java 为这些抽象方法比较多的接口提供了所谓的适配器类,并在适配器类中为每个方法都提供了空内容。在编写程序过程中,只须在使用时直接覆盖其中的方法即可,下面再次演示关闭窗口的编写方法。

例 6-7 关闭窗口。

```
//WindowApt.java
package ch06;
import java.awt.*;
import java.awt.event.*;
public class WindowApt {
    static Frame mf=new Frame("关闭窗口");
    public static void main(String[] args){
        mf.setSize(260,220);
        mf.addWindowListener(new WindowClose());
        mf.setVisible(true);
    }
    static class WindowClose extends WindowAdapter{
      public void windowClosing(WindowEvent e) {
          System.exit(0);
      }
    }
}
```

在表 6-2 中列举了部分拥有适配器 Adapter 的监听接口 Listener。

表 6-2 具备适配器的监听接口

有适配器的接口	接口中的抽象方法
ComponentListener ComponentAdapter	componentHidden(ComponentEvent) componentShown(ComponentEvent) componentMoved(ComponentEvent) componentResized(ComponentEvent)
ContainerListener ContainerAdapter	componentAdded(ContainerEvent) componentRemoved(ContainerEvent)
FocusListener FocusAdapter	focusGained(FocusEvent) focusLost(FocusEvent)
KeyListener KeyAdapter	keyPressed(KeyEvent) keyReleased(KeyEvent) keyTyped(KeyEvent)

续表

有适配器的接口	接口中的抽象方法
MouseListener MouseAdapter	mouseClicked(MouseEvent) mouseEntered(MouseEvent) mouseExited(MouseEvent) mousePressed(MouseEvent) mouseReleased(MouseEvent)
MouseMotionListener MouseMotionAdapter	mouseDragged(MouseEvent) mouseMoved(MouseEvent)
WindowListener WindowAdapter	windowOpened(WindowEvent) windowClosing(WindowEvent) windowClosed(WindowEvent) windowActivated(WindowEvent) windowDeactivated(WindowEvent) windowIconified(WindowEvent) windowDeiconified(WindowEvent)

表 6-3 列举了没有适配器的监听接口。

表 6-3 不具备适配器的监听接口

监听接口	接口中的抽象方法
ActionListener	actionPerformed(ActionEvent)
AdjustmentListener	adjustmentValueChanged(AdjustmentEvent)
ItemListener	itemStateChanged(ItemEvent)

6.2.7 自主演练

1. 演练任务：显示鼠标的位置变化

2. 任务分析

本演练的重点在于鼠标事件的捕捉，而鼠标移动过程的捕捉并没有在前例中提到，在此先做个说明。在 Java 的鼠标事件中除了 6.2.6 小节中提到的 MouseListener 外还有另外一个接口 MouseMotionListener，主要负责组件上的鼠标移动事件的侦听工作。所以如果希望顺利完成本演练的内容需要先了解 MouseMotionListener 接口的功能方法，见表 6-4。

表 6-4 接口中定义的方法

方法原型	说 明
void mouseDragged(MouseEvent e)	当鼠标按键在组件范围内按下并拖动时发生
void mouseMoved(MouseEvent e)	当鼠标光标移动到组件上但无按键按下时调用

在演练的编写过程中可参考例 MouseEvt.java。在获取鼠标坐标时可以使用 MouseEvent 类中的 getX 和 getY 方法。例如：

```
public void mouseMoved(MouseEvent e)
```

```
{
    e.getX();
    e.getY();
}
```

最后将得到的光标位置显示到设定的组件中,可以是 Label、TextField 或者 List 中。

3. 注意事项

因为题目中并未要求判断鼠标按键是否按下,所以读者可以选择 mouseDragged 和 mouseMoved 中的任何一个作为实现的目标方法。但是如果在完成程序的过程中选择的方式是实现 MouseMotionListener 接口的话,那么即使是只需要完成一个方法,另外一个也必须被覆盖,这是 Java 面向对象理论 interface 中的强制性规定。于是和前节中学习到的情况相同的是 MouseMotionListener 也拥有一个对应的 Adapter 类——MouseMotionAdapter,读者可以直接继承该类来简化程序的编制过程。

4. 任务拓展

在单一组件上输出光标位置。

6.3 基本控件组件与常用容器组件

在介绍了图形用户界面的基本使用方式后,随之而来的问题是在 Java 中究竟有多少种组件可以提供给程序员使用,每种组件又有什么样的特性。当同时创建多个组件后需要容器组件将它们划分为多个功能区域时应该如何操作。本节将重点讲解基本控件的种类和使用方法,以及容器组件的特性。

6.3.1 目标

了解组件、容器组件的基本概念,掌握常用组件和容器组件的使用方法。

6.3.2 情境导入

除了前节中经常使用 Frame 作为组件容器外,在 Java 中还有很多种可供选择的组件容器,它们分别是 Dialog、Panel 等。在这其中菜单栏作为容器的一种是最常见但也是最不显著的,究其原因是菜单栏容器大多数情况下只放置特定类型的内容。下面通过具体案例来演示如何在程序中制作菜单。

6.3.3 案例分析

模拟 Windows 中的常见软件记事本的菜单按钮组合。菜单制作流程图如图 6-18 所示。

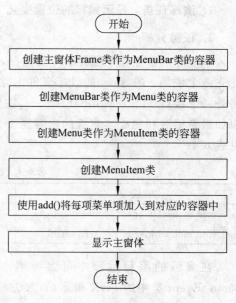

图 6-18 菜单制作流程图

6.3.4 案例实施

在本案例中,容器以及容器内部组件的放置方式是学习的重点内容。在菜单组件容器中,类的层次结构十分重要,它是菜单能否正常显示的先决条件。下面列出了本案例的实施步骤。

(1) 创建主窗体。
(2) 分别创建 MenuBar、Menu 和 MenuItem 项。
(3) 按照对应关系添加各个子项。
(4) 显示主窗体。

```java
//案例6.3:菜单容器
//MenuContainer.java
package ch06.project;
import java.awt.*;
public class MenuContainer {
  public static void main(String[] args)
  {
      Frame mf=new Frame("菜单容器");
      mf.setSize(300,300);
      MenuBar mb=new MenuBar();
      Menu m1=new Menu("文件");
      Menu m2=new Menu("编辑");
      Menu m3=new Menu("格式");
      Menu m4=new Menu("帮助");
      mb.add(m1);
      mb.add(m2);
      mb.add(m3);
      mb.add(m4);
      //mb.add(m2);
      Menu m11=new Menu("新建");
      MenuItem m111=new MenuItem("新建 Class");
      MenuItem m112=new MenuItem("新建 Interface");
      m1.add(m11);
      m11.add(m111);
      m11.add(m112);
      m1.add(new MenuItem("打开"));
      m1.insertSeparator(2);
      m1.add(new MenuItem("保存"));
      m1.add(new MenuItem("退出"));
      m2.add(new MenuItem("剪切"));
      m2.add(new MenuItem("复制"));
      m2.add(new MenuItem("粘贴"));
      m2.add(new MenuItem("删除"));
      m2.add(new MenuItem("查找"));
      m3.add(new MenuItem("自动换行"));
      m3.add(new MenuItem("字体"));
      m4.add(new MenuItem("关于"));
```

```
        mf.setMenuBar(mb);
        mf.setVisible(true);
    }
}
```

程序的运行结果如图 6-19 所示。

整个程序难度很小,基本没有不易理解代码段,但是在本例中需要注意菜单类中每个项目的隶属关系。菜单中需要出现的 3 个类型分别是 MenuBar、Menu 和 MenuItem。其中的所属关系是:MenuBar 类是 Menu 类的直接容器,Menu 类又是 MenuItem 类的直接容器。

图 6-19 程序的运行结果

6.3.5 基本控件组件

由于在 6.2 节和 6.3 节中已经向读者展示了 Java 中的部分组件,所以在本例中重点演示部分未曾出现过的组件,它们分别是 List(列表框)、Choice(下拉列表框)、Checkbox(包括单选框和复选框)。

例 6-8 部分其他组件演示。

```
//Controls.java
package ch06;
import java.awt.*;
public class Controls {
    public static void main(String[] args)
    {
        Frame mf=new Frame("其他组件");
        mf.setSize(300,240);
        mf.setLayout(null);
        CheckboxGroup check=new CheckboxGroup();
        /*复选框*/
        Checkbox ck1=new Checkbox("选项 1",true);
        Checkbox ck2=new Checkbox("选项 2");
        Checkbox ck3=new Checkbox("选项 3");
        /*单选框*/
        Checkbox ck4=new Checkbox("是",false,check);
        Checkbox ck5=new Checkbox("否",false,check);
        ck1.setBounds(200,60,60,20);
        ck2.setBounds(200,90,60,20);
        ck3.setBounds(200,120,60,20);
        ck4.setBounds(200,150,60,20);
        ck5.setBounds(200,180,60,20);
        /*列表框*/
        List lt=new List(5,true);
        lt.setBounds(50,60,90,90);
        lt.add("项目 1");
        lt.add("项目 2");
```

```
        lt.add("项目 3");
        lt.add("项目 4");
        lt.add("项目 5");
        lt.select(2);
        /*下拉列表框*/
        Choice cc=new Choice();
        for(int i=0;i<5;i++)
            cc.add("第"+i+"条记录");
        cc.setBounds(50,170,90,90);
        mf.add(ck1);
        mf.add(ck2);
        mf.add(ck3);
        mf.add(ck4);
        mf.add(ck5);
        mf.add(lt);
        mf.add(cc);
           mf.setVisible(true);
    }
}
```

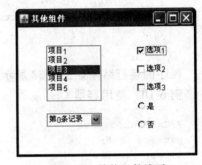

程序的运行结果如图 6-20 所示。

图 6-20 其他组件演示

6.3.6 常用容器组件

顾名思义,容器组件就是可以放置其他组件的组件。在举例说明容器组件之前首先了解一下 Java 图形用户界面中的类库继承关系,如图 6-21 所示。

Panel 是另一种较常用的容器,它和 Frame 最明显的区别是:Frame 可以单独使用,而 Panel 则需要依附于 Frame 之上才可使用。

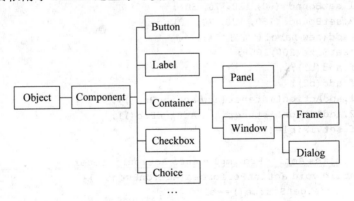

图 6-21 图形用户界面各组件继承图

例 6-9 使用容器 Panel。

```
//UsePanel.java
package ch06;
import java.awt.*;
public class UsePanel{
    public static void main(String args[]){
```

```
            Frame mf=new Frame("使用 Panel");
            mf.setLayout(null);
            Panel pan=new Panel();
            for(int i=1;i<10;i++)
                pan.add(new Button("按钮"+i));
            pan.setSize(100,100);
            pan.setBackground(Color.yellow);
            mf.setSize(260,280);
            pan.setBounds(20, 50, 200, 200);
            mf.add(pan);
            mf.setVisible(true);
        }
}
```

程序的运行结果如图 6-22 所示。

例 6-10 使用容器 Dialog。

图 6-22　Panel 使用示例

```
//UseDialog.java
package ch06;
import java.awt.*;
import java.awt.event.*;
public class UseDialog{
    static Frame mf=new Frame("使用 Dialog");
    static Button b1=new Button("显示");
    static Button b2=new Button("隐藏");
    static Dialog d=new Dialog(mf,"Dialog");
    public static void main(String[] args){
        mf.setSize(260,220);
        mf.setLayout(null);
        b1.setBounds(60, 120, 70, 30);
        b2.setBounds(130, 120, 70, 30);
        d.add(new Label("你好!"));
        d.setSize(200,100);
        mf.add(b1);
        mf.add(b2);
        b1.addActionListener(new ActionPro());
        b2.addActionListener(new ActionPro());
        mf.setVisible(true);
    }
    static class ActionPro implements ActionListener{
        public void actionPerformed(ActionEvent e){
            if(e.getSource()==b1)
                d.setVisible(true);
            else if(e.getSource()==b2)
                d.setVisible(false);
        }
    }
}
```

程序的运行结果如图 6-23、图 6-24 所示。

图 6-23　Dialog 使用示例

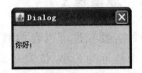

图 6-24　单击"显示"按钮后弹出的对话框

6.3.7　自主演练

1. 演练任务：简单购物车的设计

2. 任务分析

网上购物可能已经是人们生活中不可或缺的一部分。通常在网上购物的过程是：首先在网页间浏览各种商品，假设选中某款商品，如一颗篮球，那么将其放入购物车中。本演练试图让读者制作一个类似的程序但不需要和网页中的购物车形式完全一致，只需含义相同即可。比如编写成如下表现形式，如图 6-25 所示。

3. 注意事项

（1）本演练中的购物车仅仅是一个模拟版本，读者可以按照自己对购物车的理解完成对购物车程序的实现。

（2）注意在同一个程序中的两个组件间传递数据的方式方法，在列举出的购物车界面中，如何得到商品列表框中被选中的商品，并通过按钮将其传递至购物车列表框中是本演练的一个重点。

图 6-25　购物车演示

4. 任务拓展

读者可采用多个窗体来模拟多个商品项目，尝试重写该程序。

6.4　布局设计

布局管理器的概念对于大多数人来说是陌生的，因为程序员们总是依靠集成开发环境来控制组件在界面中的实际位置、形状以及大小。如果读者也是这一类型的程序员，那么本节的示例也许不太适合你。但是，布局管理器在 Java 中的重要性却并不因为这样就会降低，那是因为 IDE 在排布组件时，使用的同样是布局管理器而不是其他什么技术。因此，如果读者能了解其中的细节，会有助于调试某些存在于图形用户界面程序中的细小瑕疵。

布局管理是 Java 类库中内置的现成类型，本章将详细介绍各种布局类的使用方式。

6.4.1 目标

了解布局的基本概念,学习并掌握布局类的特点和功能。

6.4.2 情境导入

Java 中的容器控件可以容纳其他控件,这在 6.3 节中已经说明。但是,这些被放置到容器中多个控件的大小、位置却是各不相同的。为了让容器中形态各异的控件按照程序员的意图摆放,需要一种对容器中的控件进行设置的手段。在 Java 中,采用布局管理器来完成控制控件的编排。

下面假设在某个游戏程序中需要把整个界面分成上(北)、下(南)、左(西)、右(东)、中 5 个部分,并且分别在每个部分放置一只代表其特性的灵兽如北方对应玄武,西方对应白虎,南方对应朱雀,东方对应青龙。下面介绍通过布局管理器实现以上要求。

6.4.3 案例分析

引入 Java 中的布局管理器,将整个界面划分为需求中所提到的 5 个部分,如图 6-26 所示。

6.4.4 案例实施

Java 布局管理中,BorderLayout 布局可以将整个窗体按照情境导入的要求划分容器组件。下面列出了本案例的实施步骤。

(1) 创建主窗体。
(2) 创建布局管理器。
(3) 按照布局管理器的规定摆放组件。

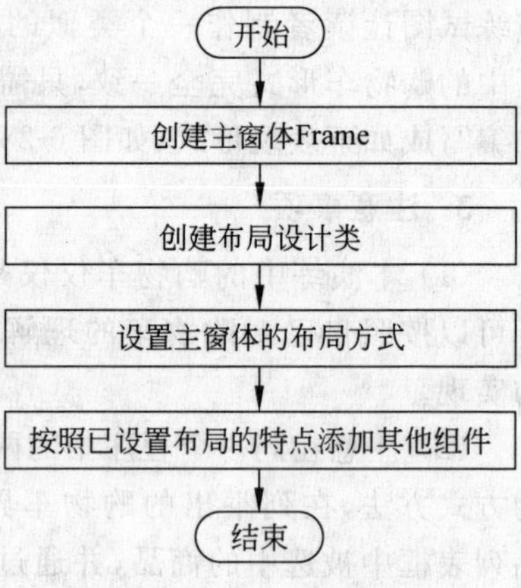

图 6-26 布局管理流程图

```
//案例 6.4: 布局管理
//TestBorderLayout.java
package ch06.project;
class TestBorderLayout {
    public static void main(String[] args) {
        Frame mf=new Frame("BorderLayout 布局");
        BorderLayout bl=new BorderLayout();
        mf.setSize(200,200);
        mf.setLayout(bl);
        mf.add(BorderLayout.NORTH,new Button("玄武"));
        mf.add(BorderLayout.SOUTH, new Button("朱雀"));
        mf.add(BorderLayout.EAST,
          new Button("青龙"));
        mf.add(BorderLayout.WEST,
          new Button("白虎"));
        mf.add(BorderLayout.CENTER,
          new Button("中"));
```

```
        mf.setVisible(true);
    }
}
```

程序的运行结果如图 6-27、图 6-28 所示。

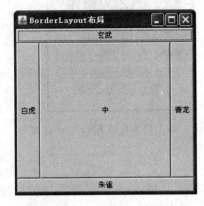

图 6-27 BorderLayout 布局演示

图 6-28 缩小窗体后的 BorderLayout 布局

在上例中使用 add() 方法添加组件,同时指定一个值作为它的第一个参数,这个值可为下列参数之一:

```
BorderLayout.NORTH   //添加到容器顶部
BorderLayout.SOUTH   //添加到容器底部
BorderLayout.EAST    //添加到容器右侧
BorderLayout.WEST    //添加到容器左侧
BorderLayout.CENTER  //添加到容器中央并伸展到其他组件,如果没有其他组件则直接碰到边框
```

如果忽略组件具体的位置,程序默认 CENTER。

6.4.5 布局管理器类与布局模型

1. FlowLayout

FlowLayout 布局按照从左到右的顺序依次将组件添加到组件容器中,直至第一行空间被填满,然后自动移到下一行继续添加。

例 6-11 FlowLayout 布局。

```
//TestFlowLayout.java
package ch06;
import java.awt.*;
public class TestFlowLayout {
    public static void main(String[] args){
        Frame mf=new Frame("FlowLayout 布局");
        FlowLayout fl=new FlowLayout();
        mf.setSize(300,300);
        mf.setLayout(fl);
        for(int i=0;i<6;i++)
            mf.add(new Button("按钮"+i));
        mf.setVisible(true);
```

        }
    }

程序的运行结果如图 6-29、图 6-30 所示。

图 6-29　FlowLayout 布局演示

图 6-30　缩小窗体后的 FlowLayout 布局

2. GridLayout

GridLayout 会将整个容器分隔成多个大小相同的单元格,然后把需要添加的组件按从左到右从上到下的顺序放置到网格中。

例 6-12　GridLayout 布局。

```
//TestGridLayout.java
package ch06;
import java.awt.*;
public class TestGridLayout {
    public static void main(String[] args){
        Frame mf=new Frame("GridLayout布局");
        GridLayout gl=new GridLayout(4,5);
        mf.setSize(300,300);
        mf.setLayout(gl);
        for(int i=0;i<18;i++)
            mf.add(new Button("按钮"+i));
        mf.setVisible(true);
    }
}
```

程序的运行结果如图 6-31、图 6-32 所示。

图 6-31　GridLayout 布局演示

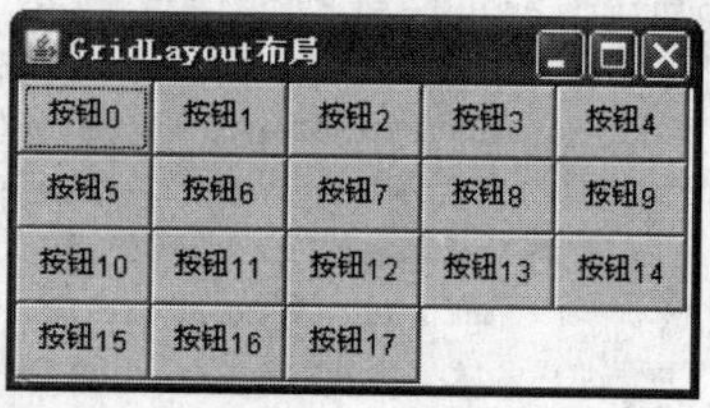

图 6-32　缩小窗体后的 GridLayout 布局

3. CardLayout

CardLayout 布局会将加入该容器的每一个组件都重叠放置,每次加入的新组件都会按照层次放到前一个组件的下面。

例 6-13 CardLayout 布局。

```java
//TestCardLayout.java
package ch06;
import java.awt.*;
import java.awt.event.*;
public class TestCardLayout implements ActionListener{
    Frame mf=new Frame("CardLayout 布局");
    CardLayout cl=new CardLayout(50,50);
    public static void main(String[] args){
        TestCardLayout tc=new TestCardLayout();
        tc.mf.setSize(300,300);
        tc.mf.setLayout(tc.cl);
        Button a[]=new Button[5];
        for(int i=0;i<5;i++){
            a[i]=new Button("按钮"+i);
            a[i].addActionListener(tc);
            tc.mf.add(a[i],"按钮"+i);
        }
        tc.mf.setVisible(true);
    }
    public void actionPerformed(ActionEvent e){cl.next(mf);}
}
```

程序的运行结果如图 6-33、图 6-34 所示。

图 6-33　CardLayout 布局演示 1

图 6-34　CardLayout 布局演示 2

4. 手动定位

在 Java 中可以不使用布局管理器,直接根据用户自己的需要通过坐标来定位组件的位置。本章开始的例子采用的布局均使用这种方式。设置组件手动定位步骤如下。

(1) 设置容器的布局管理器为空,即 setLayout(null)。

(2) 为每个组件设定大小和位置,即调用 setBounds()方法。

6.4.6 自主演练

1. 演练任务:个人名片设计

2. 任务分析

名片作为职场沟通不可缺少的手段,被广泛地应用在各个领域。那么如果在学习图形用户界面的知识后是否可以编写一个自己的名片？答案是肯定的。在编写这个自主演练前,首先可以确定的是:由于名片的功能主要是承载信息,而不需要其他特别之处,所以在名片中使用的组件种类相对较少,可以说只使用 Label(标签)一种组件即可。但是本演练的复杂之处在于如果使用布局管理器来控制好组件的位置、大小,以及组件之间,组件和组件容器,组件容器之间的关系。为了美观和强调重点,可以在适当的位置添加不同前景、背景和字体颜色。

3. 注意事项

由于名片中的信息较多,所以最简单直接的实现方法是使用 setLayout(null)语句,然后再手动设置各个组件的排布情况,上述方法虽然易用但是却失去了训练布局管理的意义。因此在本演练的制作过程中请尽量使用本节中和读者一起讨论的几种布局方式,如 BorderLayout、FlowLayout 以及 GridLayout 等。

4. 任务拓展

读者可使用任何布局管理器,尝试编写该程序。

6.5 小结

本章介绍了各种常见图形用户界面的特点,列举了各种常见组件的使用方法。但是,由于在 Java 图形用户界面中拥有非常丰富的组件及功能,本章不能一一列举,需要读者举一反三。

习题

一、选择题

1. 下列选项中(　　)不是 Container 类的派生类。
   A. Frame　　　　B. Window　　　　C. Panel　　　　D. Label
2. 下列选项中(　　)组件可以创建容纳多行文字的文本框。
   A. TextArea　　　B. TextField　　　C. Label　　　　D. Choice
3. 下列布局方式中(　　)是按照划分网格的形式进行的。
   A. FlowLayout　　B. BorderLayout　　C. GridLayout　　D. CardLayout
4. 当拖动 Scrollbar 的滚动条时,会发生(　　)事件。
   A. actionPerformed　　　　　　　　B. AdjustmentValueChanged

C. mouseClicked	D. keyPressed

5. 在开发图形用户界面的程序时需要包含一个系统提供的包,下列选项中(　　)是正确的。

　　A. java.io	B. java.awt
　　C. java.applet	D. java.awt.event

6. 在 Java 图形用户界面编程中,(　　)用来显示一些不需要修改文本信息。

　　A. Label	B. Button	C. TextArea	D. TextField

7. 创建"程序"按钮的语句是(　　)。

　　A. TextField b = new TextField("程序");
　　B. Label b = new Label("程序");
　　C. Checkbox b = new Checkbox("程序");
　　D. Button b = new Button("程序");

8. 容器类 java.awt.container 的父类是(　　)。

　　A. java.awt.Window	B. java.awt.Component
　　C. java.awt.Frame	D. java.awt.Panel

9. 下列关于事件监听的说法,正确的是(　　)。

　　A. 一个事件监听器只能监听一个组件
　　B. 一个事件监听器只能监听处理一种事件
　　C. 一个组件可以注册多个事件监听器,一个事件监听器也可以注册到多个组件上
　　D. 一个组件只能引发一种事件

10. 在语句 TextField = new TextField(20)中,参数 20 是文本框的(　　)属性。

　　A. 每列的宽度	B. 在组件中显示的字符串
　　C. 每行的行高	D. 组件编号

11. 能改变当前容器的布局方式的是(　　)。

　　A. 调用方法 setLayout
　　B. 容器一旦生成,它的布局方式就不能改变
　　C. 调用方法 setLayoutManager
　　D. 以上都不对

12. (　　)方法是向按钮(Button)控件注册单击消息的方法。

　　A. actionPerformed()	B. append()
　　C. addWindowsListener()	D. addActionListener()

二、判断题

1. 如果把组件容器排布成东、西、南、北、中的布局形式,应将布局管理器设置为 FlowLayout。　　　　　　　　　　　　　　　　　　　　　　　　　　　　(　　)

2. 监听接口 ActionListener 中包含的接口方法是 actionPerformed(ActionEvent)。
　　　　　　　　　　　　　　　　　　　　　　　　　　　　　　　　　　　(　　)

3. 在 Java 中,创建单选框和复选框使用的是两个不同的类。　　　　　　(　　)

4. 在图形用户界面中移动鼠标发生的事件是 mouseDragged(MouseEvent e)。
(   )
5. Dialog 不属于容器组件。   (   )

三、问答题

1. 简述 JFC 的概念及组成。
2. 有哪些监听接口拥有对应的适配器(Adapter)类?

四、编程题

1. 编写程序实现以下效果:单击 Button1 在下面的文本框中写出 Button1,并将布局变为 2×2 的 GridLayout。单击 Button2 在下面的文本框中写出 Button2,并将布局变为 FlowLayout(提示:使用 Event 类中的 getSource()方法,其功能是返回最初发生 Event 的对象)。如图 6-35 所示。

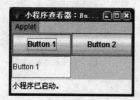 

图 6-35　编程题 1 程序运行效果图

2. 编写程序,其中出现下拉列表框(组合框)和一个文本框,当选择了列表框中的其中一个选项后,在文本框中出现选中的选项文字。

第 7 章 Applet 及其应用

在互联网出现后,其方便的共享资源和交流信息的方式迅速得到了推广。但是早期的网页语言中却并不具备丰富的多媒体表现手段,比如在网页中显示动画,或者网页和浏览网页的用户形成人机互动(目前非常流行的 Flash 动画的出现时间晚于 Java Applet)。Java Applet 的出现填补了当时网页在表现功能上的这一缺陷,使网页在表现形式上更加丰富多样。

设计 Java 语言的初衷之一就是制作 Applet。Applet 是一种基于 Web 页面的小程序,其丰富的在线功能曾一度风靡网络。那么,究竟 Applet 有哪些特点,如何使用将是本章的讲解重点。

7.1 初识 Applet

7.1.1 目标

本节的学习目标是掌握 Applet 的基本概念和方法,Applet 的开发过程以及 Applet 的各种功能应用。

7.1.2 情境导入

Applet 是嵌入在 HTML 中用来丰富网页功能的小应用程序。

因为在早期的 HTML 中仅能显示静态的文字和图片,并不具备动画功能,所以在本例中模拟演示类似字幕出现的动画效果。

7.1.3 案例分析

在本案例中首先涉及的是如何制作出可以运行的 Applet,并且将其显示到页面中。其次,在做出了基本的 Applet 框架后如何在其上显示字符串。最后在字符串的显示过程中实现动态的效果,在本例中是以字符串位置的变换来实现的。图 7-1 给出了本案例的执行流程。

7.1.4 案例实施

在本案例中,如何创建一个 Applet 并将其正确显示在网页中是编写该程序的重点。

下面列出了本案例的实施步骤。
(1) 编写 Applet 的子类。
(2) 编写绘制文字的语句。
(3) 编写程序停顿语句。

```java
//案例 7.1: 随机字符串输出
//HelloApplet.java
package ch07.project;
import java.applet.*;
import java.awt.*;
import java.util.*;
public class HelloApplet extends Applet
{
    public void paint(Graphics g){
        for(int i=0;i<10;i++)
        {
            g.drawString("Hello,Applet!",(int)(Math.random() * 100),
                                         (int)(Math.random() * 100));
            try{
                Thread.sleep(500);
            } catch(Exception e){
                System.err.print("error");
            }
        }
    }
}
```

随机输出字幕程序流程图如图 7-1 所示。

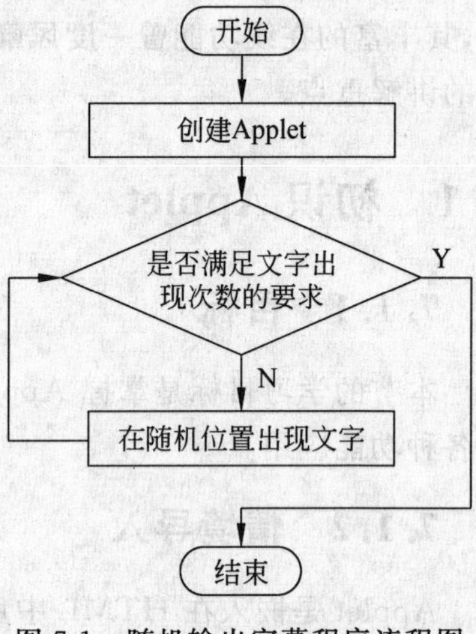

Applet 是被嵌入到 HTML 中执行的,因此为了让 Applet 正确运行需要制作一个 HTML 页面作为 Applet 执行的容器,HTML 代码如下:

```html
<html>
  <head>
        <title>我的第一个 Applet 案例</title>
  </head>
  <body>
    <applet code=" HelloApplet.class" width="350" height="350">
    </applet>
        动态字幕 Applet
  </body>
</html>
```

图 7-1 随机输出字幕程序流程图

程序的运行结果如图 7-2 所示。

关于 HTML 本书不去作过多的讨论,但应该知道 HTML 是一种基于标签的语言,用于编写网页代码,再由类似 IE 为代表的浏览器解释执行并按照规则显示出相应的页面效果。例如在上例中,<html>标签表示当前所写文本为网页代码,<title>标签表示页面标题为"我的第一个Applet案例",而且HTML中的标签成对出现等知识。

在网页中嵌入Java Applet的方法是使用＜applet＞标签。在嵌入的过程中必须具备3个参数,分别是code、width和height。

本例中使用的Applet和Graphics类被分别包含在java.applet和java.awt包中,至于java.util包的导入则是为了Math.random()方法的使用。

特别需要注意的是Applet的运行方式和前面的Java程序有所不同,它除了需要Javac编译作为前提外并不需要使用Java来运行。取而代之的是小程序查看器appletviewer。

程序输出如图7-3所示。

图7-2 动态字幕示例

图7-3 使用小程序查看器执行Applet

7.1.5 Applet基础

Applet的父类是Container类所以它拥有容器的所有特性。继承关系如图7-4所示。

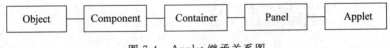

图7-4 Applet继承关系图

Applet中可以像容器那样放置文本框、按钮、列表框等各式控件,并利用它们实现各种功能,同时程序员还可以利用Applet内置的各种方法完成各种动态效果的制作。这是Java Applet出现之前网页并不具备的特性。

除此之外,如果希望使用更新版本Applet中功能强大的Swing,则选择Applet的新版本JApplet。

表7-1列出了Applet中的常用方法。

在本章的开始曾介绍过Applet的一部分特点,其中提到Applet是用来做网页端的应用,然而为什么会选择使用Applet来制作某些页面端的应用而不是其他技术方式。下面为读者说明Applet的原理及运行特点。

表 7-1　Applet 中的常用方法

方法名	作　　用
init()	首次执行 Applet 程序时调用的初始化方法
start()	启动 Applet 程序时调用的方法。也会用在调用 stop()中止 Applet 后再次执行 Applet 时也会调用 start()。或者在执行完 init()后也会自动执行 start()
stop()	Applet 程序停止执行时,比如最小化浏览器时
destroy()	Applet 程序不再有机会执行时,如关闭浏览器时,系统回收 Applet 所占的系统资源

在 Java 中,Applet 有着显著的特点,尽管都是使用 Java 语言编写,但是 Applet 却必须嵌入到 HTML 文件中才可以正常运行。在编写 Applet 程序过程中首先需要把已经写好的 Applet 程序编译成扩展名为.class 的文件,然后通过相应的 HTML 标签将其嵌入到 Web 页面中。当有人使用浏览器查看该网页时,Applet 程序会随着 HTML 一起被下载到客户端的机器中,执行并显示到屏幕上。在这里需要注意的一点是,出于网络安全的考虑,在 Applet 程序中禁止修改所有本地磁盘的信息。

Applet 与 Application 最大的区别就是：Application 是通过调用 main()执行的,而 Applet 必须依赖 HTML 的环境,当然也可以通过 Java 提供的小程序查看器 appletviewer 来运行 Applet。

在演示了 Applet 中动态字幕的出现方法后,下面例子会以 Applet 中最简化的方式出现,以便让各位读者更好地分清什么是 Applet 所特有的。

例 7-1　输出单个 HelloApplet。

```
//HelloApplet1.java
package ch07;
import java.applet.Applet;
import java.awt.Graphics;
public class HelloApplet1 extends Applet
{
    public void paint(Graphics g){
        g.drawString("Hello,Applet!",200,20);
    }
}
```

7.1.6　Applet 与 Applet 类

从前节中可以明显地看出 Applet 实际上并不需要使用者去编写,而是通过继承 Applet 来实现的。当某个类继承了 Applet 类后就成了 Applet 的一个特例,拥有 Applet 的所有属性特点。

在整个 Applet 从无到有的生命周期中,会执行 init()、start()、stop()和 destroy()等方法,其执行顺序如图 7-5 所示。

Applet 在运行之前首先需要执行初始化方法 init(),然后调用 start()使 Applet 运行起来。当 Applet 所属的页面重新显示时(如页面最小化后恢复),也会调用 start()方

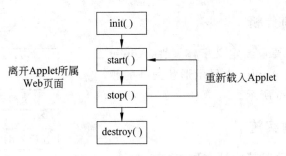

图 7-5 Applet 的生存周期

法。当离开 Applet 所在页面时执行 stop()。最后调用 destroy() 来释放 Applet 所占的资源。

7.1.7 自主演练

1. 演练任务：倒数字幕

2. 任务分析

在生活中经常会见到倒数的情况，如新年倒计时、火箭发射等。在屏幕上显示数字 9 到数字 1 的出现过程来达到通常所见到的倒数字幕的效果。

3. 注意事项

在学习了随机位置出现字幕后，本自主演练可以直接参考其做法。读者可以在循环中添加变量并转换成需要输出的字符即可。

7.2 Applet 应用程序

7.2.1 目标

在学习和掌握了 Applet 的基本概念、创建及使用方式之后。本节将进一步学习 Applet 的更多应用，包括 Applet 的开发步骤，HTML 页面和 Applet 程序的参数传递过程以及在 Applet 中添加各种可视控件。通过本章的学习应掌握 Applet 的多种应用方式。

7.2.2 情境导入

上网玩页面游戏已经成为当下许多人休闲娱乐时的选择。在这类游戏中，游戏者需要扮演各种角色遨游在游戏的世界里，其中一个比较常见的场面就是给游戏中的主角变换衣着或者它所处环境的颜色。但是这样的任务对于 Java Applet 出现前的页面编程环境而言几乎是不可能完成的任务。Java Applet 的出现填补了网页编程在这一方面的不足。

下面将以一个相对简化的案例来演示 Java Applet 中的字体、前景、背景的变化。

7.2.3 案例分析

在本案例中,需要重新定义字体属性,Applet 的前景和背景,以及 Applet 中显示形状内外的颜色,其流程图如图 7-6 所示。

7.2.4 案例实施

Applet 中如何设置其中的字体、颜色、前景、背景是本案例的焦点所在。下面列出了本案例的实施步骤。

(1) 编写 FontAndColor 类继承 Applet。
(2) 编写 init()方法,初始化程序的背景。
(3) 编写 paint()方法绘制文字和图形。

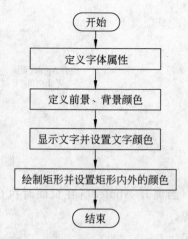

图 7-6 改变 Applet 前景、背景流程图

```
//案例 7.2:改变 Applet 中的字体和颜色
//FontAndColor.java
package ch07;
import java.applet.*;
import java.awt.*;
public class FontAndColor extends Applet{
    Font zf=new Font("隶书",Font.ITALIC,24);
    char ch[]={'字','体','颜','色','变','化'};
    Font bf=new Font("黑体",Font.ITALIC,32);
      public void init()
      {
        int red   =128;
        int green=255;
        int blue  =128;
        Color c=new Color(red,green,blue);
        setBackground(c);
        setForeground(Color.white);
      }
    public void paint(Graphics g)
    {
      int red, green, blue;
      g.setFont(zf);
      for( int i=0; i<6;i++) {
        red    =255 -20 * i;
        green=15 * i;
        blue  =50 +15 * i;
        g.setColor(new Color(red,green,blue));
        g.drawChars(ch,i,1,20+i * 19,80);
      }
      g.fillRect(10, 100, 200, 200);
      g.setColor(Color.blue);
      g.setFont(bf);
```

```
        g.drawString("颜色设定",30,150);
    }
}
```

程序的运行结果如图 7-7 所示。

7.2.5　Applet 的开发步骤

在前节的案例中已经涉及 Applet 的制作步骤，下面总结一下 Applet 的开发步骤。

1. 导入 java.applet 包

利用已有的 Applet 框架制作 Java Applet 时，除了导入原有程序本身需要的包之外，还需要导入包含基类 Applet 的包以便在后续程序中继承该基类。

图 7-7　设置不同的字体和颜色

2. 继承 Applet 类

制作 Applet 时必须继承 Applet 或 JApplet 类，成为 Applet 类的派生类是编写 Java Applet 代码的前提，并在此基础上进行编程，格式如下：

```
public class 类名 extends (J)Applet
{
    Applet 代码
}
```

在 Applet 代码中，程序可以覆盖继承自 Applet 类的生命周期方法：init()、start()、stop()、destroy()。当然在继承过程中也可以选择不覆盖这些方法，而使用 Applet 的默认动作。

3. 编译 Applet 程序

可以使用 javac 类名.java 命令进行编译。

4. 编写嵌入 Applet 的 HTML 文件

在 Applet 程序编译成功并且生成 class 文件后：

```
<html>
    ⋮
    <body>
    <applet code="类名.class" width="350" height="350" …>
    </applet>
        ⋮
    </body>
</html>
```

5. 执行 Applet

执行 Applet 的方式有如下两种。

（1）直接执行 HTML 文件。

（2）使用 Appletviewer 观看 Applet 效果，使用 Appletviewer 网页名.html 命令。

7.2.6　Applet 的参数传递

在方法部分曾经学习了方法参数的概念，程序员可以通过方法参数向方法内部传入数据，以便方法具备通用性、灵活性等特点。例如：

static void fun(int i){…}

那么在调用该方法时就可以通过形式参数 i 向方法内部传入实际的数字，如 fun(10)，意思是 fun(int i)方法内部可以使用传入的数字 10。在上面的演示中可以发现在正常的方法调用中参数的传递是非常方便易用的，而 Java Applet 是嵌入到 HTML 中使用的，是网页的一个有机组成部分，所以 Applet 的参数传递方式一定和普通的参数传递方式有所不同。在 Applet 中可以通过 HTML 标签来向 Applet 传入参数，格式如下：

\<param name=Parameter value=Value\>

例 7-2　通过 HTML 向 Applet 传递参数。

```
//PassToApplet.java
package ch07;
import java.applet.*;
import java.awt.*;
public class PassToApplet extends Applet
{
    String s1,s2;
    public void init()
    {
        s1=getParameter("p1");
    }
    public void start(){
        s2=getParameter("p2");
    }
    public void paint(Graphics g)
    {
        g.drawString(s1,10,10);
        g.drawString(s2,10,30);
    }
}

<HTML>
<HEAD>
<TITLE>Applet Parameter Test</TITLE>
</HEAD>
<applet code=" PassToApplet.class" width=300 height=300>
    <paramname=p1 value="Real">
    <paramname=p2 value="True">
</applet>
```

```
</HTML>
```

上例中可以明显地看到程序通过网页标签 paramname 向 Applet 传递了参数。而 Applet 小程序则通过 getParameter()方法从 HTML 中获得参数。

7.2.7 Applet 中的 GUI

Java Applet 和 Application 的最大区别是 Application 程序的入口点是 main()方法，而 Applet 由于继承了框架的原因所以在使用过程中 Applet 的入口点是 init()方法。

从前节的 Java Applet 的类图中可以看到 Applet 本身是从容器类继承来的，这意味着 Applet 本身就是一个容器。在 Java Applet 程序中可以加入在 Application 中提到的几乎所有控件。那么当 Applet 缺失了 main()方法之后，程序员需要将原本写在 main()方法中的语句放到 init()方法中。

例 7-3 在 Applet 中使用图形用户界面中的组件。

```java
//GuiInApplet.java
package ch07;
import java.applet.*;
import java.awt.*;
import java.awt.event.*;
public class GuiInApplet extends Applet implements ActionListener, Mouse-
    MotionListener
{
    Button bh=new Button("调整背景、画笔、标签颜色");
    Label ex=new Label("标签");
    int red,green,blue;
    public void init(){
      add(ex);
      add(bh);
      bh.addActionListener(this);
      addMouseMotionListener(this);
    }
    public void actionPerformed(ActionEvent e){
      red=(int)(Math.random()*256);
      green=(int)(Math.random()*256);
      blue=(int)(Math.random()*256);
      setBackground(new Color(red,green,blue));
      ex.setBackground(new Color(green,blue,red));
    }
    public void mouseDragged(MouseEvent e){
      Graphics2D g=(Graphics2D)getGraphics();
      BasicStroke bs=new BasicStroke(2);
      g.setColor(new Color(green,blue,red));
      g.setStroke(bs);
      g.drawLine(e.getX(),e.getY(),e.getX(),e.getY());
    }
    public void mouseMoved(MouseEvent e){}
}
```

程序的运行结果如图 7-8 所示。

7.2.8 自主演练

1. 演练任务：简易文本阅读器

2. 任务分析

随着电子阅读方式的普及，人们越来越多地把普通的纸质阅读转移到了坐在电脑前阅读。为了满足这样的需求，很多网站都推出了在线阅读的功能。在本自主演练中，试图让读者编写一个在线阅读的页面端。

图 7-8　调整背景、画笔、标签的颜色

假设在实际需求中，阅读器每页只能显示 5×5 个文字，那么要使用本阅读器查看一篇比较长的文章时，便不能满足要求，需要添加上一页、下一页等功能按钮。在演练中可以使用字符串数组来代表文章，每次在屏幕上输出数组的一个元素，当单击"下一页"或"上一页"按钮后在屏幕上刷新显示数组中的其他数组元素。

3. 注意事项

在显示文字的过程中，读者可以选择各种方式，如直接显示到 Applet 上，或者显示到文本框或者标签中。可扩展程序按钮，如一次跳跃到文章的开始或结束，或跳转到某一页。

7.3　Applet 多媒体编程

7.3.1　目标

Java Applet 在多媒体应用方面有着很强的表现能力，无论是图片显示，图形绘制，还是声音播放都有强大的类库功能作为支撑。本节的学习目标是了解并掌握 Applet 中常用的多媒体编程。

7.3.2　情境导入

目前，在主流的网页中使用 Flash 来动态显示图片是一种非常常见的页面效果。各位读者是否考虑过除了 Flash 外还可以使用 Java Applet 在页面中动态地显示图片。

早在 Flash 出现之前，想要在网页上显示类似动画的效果只有两种方式，一种是将动画制作成 GIF 文件（GIF 是一种图片格式），另一种就是使用 Java 的 Applet 编程。可见 Java Applet 在网页效果方面的开创性。

7.3.3　案例分析

本案例通过连续显示不同的图片来达到在 Applet 中出现动画的目的。在生活中看到动画片的图像出现速度是每秒 23~24 帧，也就是每秒钟显示 23~24 张图片才能达到流畅的效果。本例是演示动画制作的方法，并不是要制作一部精良的动画，所以程序中仅会出现 3 张图片来表现一段蝴蝶飞舞的动作。动画制作流程如图 7-9 所示。

7.3.4 案例实施

本案例将具体讨论如何在 Applet 中绘制图片,并且动态播放。下面列出了本案例的实施步骤。

(1) 编写浏览图片类 DrawPic。

(2) 制作 Image 类数组存放照片以备调取使用。

(3) 循环播放图片并且在播放不同图片期间让程序在短时间内停滞。

图 7-9 动画制作流程

```
//案例 7.3:动画效果
//HelloApplet.java
import java.applet.*;
import java.awt.*;
public class DrawPic extends Applet{
    public void paint(Graphics g)
    {
        int frames=3;
        Image images[]=new Image[frames];
        for(int i=0; i<frames; i++){
            images[i]=getImage(getCodeBase(), "butterfly"+i +".jpg");
            g.drawImage(images[i], 50, 50, this);
            try{
              Thread.sleep(500);
            }catch(Exception e){
              System.err.print("error");
            }
        }
            repaint();
    }
}
```

程序的运行结果如图 7-10、图 7-11 所示。

图 7-10 蝴蝶飞舞动画图示 1

图 7-11 蝴蝶飞舞动画图示 2

为了让程序顺利出现两个线程各得一个临界资源的情况,特别在每个线程得到了其中的一个资源后执行 sleep()方法。

7.3.5 文字与图形

文字和图形是 Applet 表现形式的一大特色,用好它们对于 Applet 中界面的友好程度起着至关重要的作用。

例 7-4 在 Applet 中显示各种不同类型的字体。

```java
//CharShow.java
package ch07;
import java.applet.*;
import java.awt.*;
public class CharShow extends Applet {
    Font f1=new Font("黑体",Font.BOLD,32);
    Font f2=new Font("楷体_GB2312",Font.ITALIC,24);
    Font f3=new Font("隶书",Font.PLAIN,18);
    String str="display string(文字显示)";
    char    cha[]={'文','字','显','示','w','e','n','z','i'};
    byte    byt[]={65,' ','C','H','A','R'};
    public void paint(Graphics g)
    {
        g.setFont(f1);
        g.drawString(str,0, 60);
        g.setFont(f2);
        g.drawChars(cha,0, 9,60, 100);
        g.setFont(f3);
        g.drawBytes(byt,0, 6,120, 140);
    }
}
```

程序的运行结果如图 7-12 所示。

图 7-12 在 Applet 中显示不同类型的字体

7.3.6 声音与动画

在现今的主流音乐网站中,大多有在线听歌服务,而在线听歌这样的功能是不可能由网页来完成的，下面的例子示范了如何使用 Applet 播放音乐。

例 7-5 在 Applet 中播放音乐。

```java
//MuiscShow.java
package ch07;
import java.awt.*;
import javax.swing.*;
import javax.swing.plaf.basic.BasicArrowButton;
import java.awt.event.*;
import java.applet.*;
public class MuiscShow extends JApplet implements ActionListener{
   Container c=getContentPane();
   AudioClip music;
   BasicArrowButton
   play=new BasicArrowButton(BasicArrowButton.EAST),
   loop=new BasicArrowButton(BasicArrowButton.WEST);
   JButton stop=new JButton("■");
   public void init(){
      music=getAudioClip(getCodeBase(),"Demo.mid");
      c.setLayout(null);
      play.setBounds(30, 30, 60, 30);
      loop.setBounds(110, 30, 60, 30);
      stop.setBounds(190, 30, 60, 30);
      c.add(play);
      c.add(loop);
      c.add(stop);
      play.addActionListener(this);
      loop.addActionListener(this);
      stop.addActionListener(this);
   }
   public void actionPerformed(ActionEvent e){
      JButton b= (JButton)e.getSource();
      if(b==play) music.play();
      else if(b==loop) music.loop();
      else music.stop();
   }
}
```

程序的运行结果如图 7-13 所示。

在例 7-6 中使用了 Swing 中的按钮 Jbutton，它的用法与 Button 基本一致。

图 7-13 音乐播放器

本节的案例已经为读者演示了如何在 Applet 中通过连续播放图片来制作动画效果，在本例中将会以另一种方式来呈现，即手动单击按钮来人为地控制图片的播放过程。

例 7-6 在 Applet 中控制图片的播放过程。

```java
//ChangePhoto.java
package ch07;
```

```java
import java.applet.*;
import java.awt.*;
import java.awt.event.*;
public class ChangePhoto extends Applet implements ActionListener{
    Image img[]=new Image[2];
    Button next=new Button("下一张");
    static int index=0;
    public void init()
    {
        add(next);
        next.addActionListener(this);
        for(int i=1;i<3;i++)
          img[i-1]=getImage(getCodeBase(),""+i+".jpg");
    }
    public void actionPerformed(ActionEvent e){
        if(index<1) {
            index++;
            repaint();
        }
        else
           next.setEnabled(false);
    }
    public void paint(Graphics g)
    {
        g.drawImage(img[index],0,0,this);
    }
}
```

在程序运行过程中如果图片使用的与例7-2中的蝴蝶飞舞完全一致的话，那么本例将可以通过单击按钮来控制蝴蝶的飞舞频率。

7.3.7 自主演练

1. 演练任务：简易广告制作

2. 任务分析

通过多种多媒体手段应用如良好的图文配合、优质的动画播放来吸引人们的注意，这是广告所要达到的目的。而上述所提到的图文、动画等表现形式恰好是Java Applet所拥有的特色功能，因此在网页中使用Java Applet制作广告将会是比较好的选择。本演练的目的就是希望读者在学习了本章内容之后，在网页中呈现一个以Java Applet为基础的多媒体广告。

假设广告中涉及的情境是读者准备在校园中成立一个学生书法协会，作为书法协会的组织者，需要在书法协会的网站首页上放置一个宣传协会的广告。请使用Applet中播放图像、声音、动画等手段制作该广告。

3. 注意事项

在广告制作过程中难免会出现多种表现形式同时作用的情况，如果读者制作的广告中涉及的表现元素较多，可能会涉及较为深入的多线程的问题，而多线程的讨论会在第

9 章中详细讨论。

7.4 小结

本章讲解了 Applet 的基本使用方式,使用过程中的注意事项及使用细节。希望通过本节的学习可以让读者对 Applet 有一个比较深的认识和理解,同时学会编写 Applet 小程序。

虽然随着 Flash 的流行,Applet 已经逐步退出了丰富多彩的网页动画领域。但是在复杂动态的 Web 图形、人机交互等领域,Applet 仍然起着无可替代的作用。比如在页面中使用 Applet 实现股票代码的动态曲线绘制;还可以用 Applet 做一些基于浏览器的复杂实时 Web 监控系统,对工厂机器运转参数的检测等,这些都是其他 Web 技术难以实现的。

习题

一、选择题

1. 下列关于 Java Application 与 Applet 的说法中,正确的是( )。
   A. 两者都包含 main()方法
   B. 两者都通过"appletviewer"命令执行
   C. 两者都通过"javac"命令编译
   D. 两者都嵌入在 HTML 文件中执行
2. 当启动 Applet 程序时,首先调用的方法是( )。
   A. stop() B. init() C. start() D. destroy()
3. 为了向一个 Applet 传递参数,可在 HTML 文件的 Applet 标志中使用 Param 选项。在 Applet 程序中获取参数值时,应使用的方法是( )。
   A. getParameter() B. getDocumentBase()
   C. getCodeBase() D. getImage()
4. Applet 中显示文字时调用的方法是( )。
   A. paint() B. init() C. start() D. stop()
5. 下列操作中,不属于 Applet 安全限制的是( )。
   A. 加载本地库 B. 读写本地文件系统
   C. 运行本地可执行程序 D. 与同一个页面中的 Applet 通信
6. 为了防止 Java Applet 程序中含有恶意代码而对客户端造成损害,以下选项中( )不属于浏览器禁止的行为。
   A. 禁止访问 Applet 程序所在服务器的资源
   B. 禁止读写本地计算机的文件系统
   C. 禁止运行本地计算机的可执行程序
   D. 禁止访问与本地计算机有关的信息,如用户名、邮件地址等

7. 当浏览器重新返回 Applet 所在页面时,将调用 Applet 类的方法是(　　)。
　　A. start()　　　　B. init()　　　　C. stop()　　　　D. destroy()
8. 下面说法中正确的是(　　)。
　　A. Applet 程序中必须出现 main 方法
　　B. Applet 必须继承自 java.awt.Applet
　　C. Applet 不能访问本地文件
　　D. Applet 不需要编译
9. 编译 Java Applet 源程序文件产生的字节码文件的扩展名为(　　)。
　　A. .java　　　　B. .class　　　　C. .html　　　　D. .exe
10. 在编写 Java Applet 程序时,若需要对发生的事件作出响应和处理,一般需要在程序的开头写上(　　)语句。
　　A. import java.awt.*;　　　　　　B. import java.applet.*;
　　C. import java.io.*;　　　　　　D. import java.awt.event.*;

二、判断题

1. Applet 不可以运行在浏览器中。　　　　　　　　　　　　　　　　　　(　　)
2. 在 Applet 中绘制图片时需要调用 drawImage()方法。　　　　　　　　(　　)
3. Applet 嵌入页面的标签是＜applet＞。　　　　　　　　　　　　　　　(　　)
4. Applet 在 Java 中相对独立,直接继承自 Object 类。　　　　　　　　　(　　)
5. 不允许在 Applet 中使用网页中设定好的参数。　　　　　　　　　　　(　　)

三、问答题

1. 什么是 Applet？它与普通 Java Application 有何区别？
2. Applet 的生命周期方法有哪些？

四、编程题

1. 编写一个输出"Welcome to Java World!"的 Applet 程序和嵌入该 Applet 的 HTML 页面。
2. 编写 Applet,在 Applet 中放置 4 个按钮并绘制图片,其中 4 个按钮分别代表 4 个方向,单击按钮后图片向指定方向移动。

第 8 章 异常处理

当程序运行的时候,经常会由于各种不可避免的原因而产生错误。例如除数为零、找不到指定文件而无法进行读写操作、链接错误、无法连接等。在 Java 中把程序运行过程中可能出现的各种错误都看做异常,并且提供了处理这些异常的一套办法——异常处理机制。Java 的异常处理机制与其他语言的不同之处在于,Java 把异常集中起来统一处理,编写程序时只需说明何处可能出现异常,如何处理即可。简单方便,减轻了程序员的负担,使程序员在编写程序的过程中把更多的精力集中在程序本身的逻辑上,而不是过多地考虑程序有可能出现的错误。

8.1 异常概述

8.1.1 目标

通过除数为零异常案例了解 Java 异常类及异常处理机制,掌握 try...catch 结构的基本用法。

8.1.2 情境导入

除数为零的情况无论在数学运算还是程序运算中都是一种常见的情况,它的出现会影响对数据的正常处理。在程序设计中如何处理这种情况才能保证数据处理的正常运行。假设在某运算中存在表达式 a/b,按照常规的思路只有在 b 不为零的情况下才能执行该运算,要保证 b 不为零,根据程序设计的基本知识,可以使用分支结构 if(b!=0)a/b。似乎这样的解决方法比较合理,但可以想象,如果一个复杂表达式中存在很多的除法运算,那就需要使用很多的分支结构,甚至是分支结构的嵌套。这些分支结构在每一次运行程序时都会被执行,然而那些除数则不一定都为零,这样就使得程序的执行效率降低。本案例将说明 Java 是如何处理这类问题的。

8.1.3 案例分析

下面这个小程序包含一个整数被 0 除的异常,用以往的程序编写习惯即不考虑异常处理来设计程序,看看它的运行情况。

```
package ch08.project;
public class ByZero{
    public static void main(String[] args){
        int x=0;
        int y=42/x;
    }
}
```

程序的运行结果如下:

```
Exception in thread "main" java.lang.ArithmeticException: / by zero
    at ch07.ByZero.main(ByZero.java:5)
```

当 Java 执行这个除法时,由于分母是 0,就会产生一个异常对象来使程序停下来并处理这个错误情况,在运行时由虚拟机自动抛出这个异常。说"抛出"是因为它像一个滚烫的山芋,Java 虚拟机感觉烫手就把它抛给了程序员,程序员必须把它抓住并立即处理。程序流将会在除号操作符处被打断,然后检查当前的调用堆栈来查找异常。一个异常处理程序是用来立即处理异常情况的。在这个例子里,没有编一个异常处理程序,所以默认的处理程序就发挥作用了。默认的处理程序打印 Exception 的字符值和发生异常的地点。

8.1.4 案例实施

通常程序员希望自己来处理异常并继续运行。可以用 try 来指定一块可能发生异常的区域,这个区域叫 try 语句块。紧跟在 try 语句块后面,应该是一个 catch 子句来指定想要捕获的异常类型,并说明捕获该类型异常之后进行怎样的处理。例如,下面的例子是在前面的例子的基础上构造的,但它包含一个 try 程序块和一个 catch 子句,是为了自己接住烫手的山芋自己来处理,而不让 Java 默认的异常处理程序处理。

```
//案例 8.1: 除数为 0 异常
//TryCatchTest.java
package ch08.project;
class TryCatchTest{
    public static void main(String args[]){
        try{
            int x=0;
            int y=42/x;
        }catch(ArithmeticException e){
            System.out.println("程序异常: 除数为 0!");
        }
    }
}
```

程序的运行结果如下:

程序异常: 除数为 0!

catch 子句的目标是解决异常情况,把变量设到合理的状态,并像没有出错一样继续运行。如果一个子程序不处理某个异常,则返回到上一级(子程序的调用者)处理,直到最外一级。本例中涉及的 ArithmeticException 异常称为算术运算异常,当运算中除数为零时会产生这种类型异常,它是 RuntimeException 类的子类。其结构如图 8-1 所示。

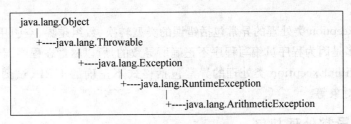

图 8-1 算数运算异常

8.1.5 异常与异常类

在程序执行过程中,任何中断正常程序流程的条件或错误都称为异常。例如,除数为零、找不到文件、网络中断、操作数超出范围、类型转换导致精度损失等。引起这些异常的原因主要分为三类。

(1) Java 虚拟机检测到非正常执行状态,自动抛出异常,例如:

```
int x=0;
int y=3/x
```

(2) Java 程序中的 throw 语句被执行,例如:

```
IOException e; throw e
```

(3) 发生异步异常,主要可能由对线程的控制或 Java 虚拟机内部错误引起。

在异常类层次的最上层有一个单独的类叫做 Throwable 类,它是 Object 的直接子类。这个类用来表示所有的异常情况。每个异常类型都是 Throwable 的子类。Throwable 有两个直接的子类。一个是 Exception,是用户程序能够捕捉到的异常情况。将通过产生它的子类来创建自己的异常。另一个是 Error,它定义了那些通常无法捕捉到的异常。要谨慎使用 Error 子类,因为它们通常会导致灾难性的失败。异常类的层次机构如图 8-2 所示。

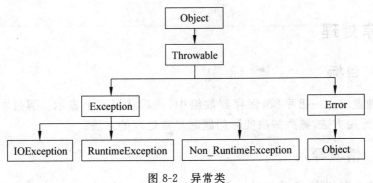

图 8-2 异常类

在 Java 编程中主要处理的异常就是 Exception 类的异常。Exception 类又有 3 个子类：IOException、RuntimeException、Non_RuntimeException。

IOException 类指示出现某种 I/O 错误。这个类是由失败或中断的 I/O 操作所产生异常的总体类。

RuntimeException 类处理的异常包括错误的类型转换、数组越界、空引用、除数为零等。这一类异常大多是因为程序员编写程序不正确所导致的，所以尽量在程序调试阶段解决。

Non_RuntimeException 类处理的异常包括格式不正确的 URL、试图为一个不存在的类找到它的对象等。

8.1.6 异常处理机制

在 Java 程序运行过程中，如果出现了由于前文所述原因引起的异常事件，则将产生某个异常类的对象，这个对象将被传递给 Java 运行系统，这一异常的产生和提交的过程称为抛出异常，异常对象可由虚拟机自动抛出，也可由程序中的 throw 语句抛出。产生异常后就要由异常处理机制来进行处理，异常处理机制分为捕获异常和处理异常两个部分。当 Java 程序在运行过程中得到一个异常对象时，它将会寻找处理这一异常的程序代码，找到处理这种类型异常的方法后，运行系统把当前异常对象交给这个方法来处理，这一过程称为捕获异常。如果 Java 运行系统找不到可以捕获异常的方法，那么 Java 运行系统将终止，相应的程序也将退出。

Java 的异常处理是通过 5 个关键字来实现的：try、catch、throw、throws 和 finally。用 try 来尝试执行一段程序，也就是说 try 后的语句块是可能产生异常的代码，如果出现异常，系统抛出（throws）一个异常，可以根据它的类型来捕获（catch）它，最后由 finally 来做异常产生后的清理和后续工作。下面是异常处理程序的基本形式：

```
try{
    //程序块
}catch(ExceptionType1 e){
    //对 ExceptionType1 的处理
}catch(ExceptionType2 e){
    //对 ExceptionType2 的处理
    throw(e);                    //再次抛出这个异常
}finally{}
```

8.2 异常处理

8.2.1 目标

要求从键盘录入一批字符，保存到数组中，然后从屏幕上显示。通过本案例掌握多 catch 子句的使用方法，熟悉解决实际问题时异常处理的方法。

8.2.2 情境导入

在 8.1 节的案例中，仅使用了一条异常捕获的语句，因为在 try 的程序段中只可能发生一种异常。然而在相对大一点的程序段中可能发生多种异常,这时要用到在异常处理机制中介绍到的多 catch 语法结构。那么程序员该如何考虑什么时候捕获异常,捕获什么样的异常。在 Java 中,某些代码是必须要求异常处理的,如处理 I/O 的程序代码,而另一些是由程序员自己来考虑是否要进行异常处理,这就需要程序员在使用中不断积累经验。

8.2.3 案例分析

本案例要求录入一批字符,但没有说明字符的数量,所以在录入过程中要以某一特殊键作为结束标记,程序中利用 while 结构控制。

录入过程中要注意捕获异常,可能发生的异常有数组越界、I/O 异常。

本案例分为输入和输出两个部分,两个部分分别用 try...catch 结构做异常处理,但两个部分发生的异常可能不同。

8.2.4 案例实施

程序中读入字符的语句要用到 System.in,需要引入 java.io.* 包。定义 ReadString 类,并在类中定义主方法。类中定义各种必要的变量和用于存储字符序列的字符数组,将容量设为 10。因录入字符数量不明确,用 while 结构控制循环,以 Enter 键为结束标记。System.in 执行过程可能产生 I/O 异常,所以需要捕获 IOException 异常。因为录入字符的数量可能超过数组容量,需要捕获 ArrayIndexOutOfBoundsException 异常。如果录入字符的数量可能正好装满数组,则可能录入正常,而出现输出异常,需在输出过程捕获 ArrayIndexOutOfBoundsException 异常。

本案例中涉及 ArrayIndexOutOfBoundsException 异常称为数组下标越界异常,它是 RuntimeException 类的子类,其结构如图 8-3 所示。

```
java.lang.Object
   |
   +----java.lang.Throwable
         |
         +----java.lang.Exception
               |
               +----java.lang.RuntimeException
                     |
                     +----java.lang.IndexOutOfBoundsException
                           |
                           +----java.lang.ArrayIndexOutOfBoundsException
```

图 8-3 数组下标越界异常

```java
//案例 8.2:字符录入中的异常处理
//ReadString.java
package ch08.project;
import java.io.*;
public class ReadString{
    public static void main(String args[]){
        char[] c=new char[10];
        int i,j;
```

```java
            j=0;
            System.out.println("输入字符序列: ");
            try{
                while((i=System.in.read())!='\n'){
                    c[j]=(char)i;
                    j++;
                }
            }
            catch(ArrayIndexOutOfBoundsException e){
                System.out.println("你所录入的字符超过了数组容量!");
            }
            catch(IOException e){
                System.out.println("输入异常!");
            }
            try{
                j=0;
                while(c[j]!='\0'){
                    System.out.print(c[j]);
                    j++;
                }
            }
            catch(ArrayIndexOutOfBoundsException e){
                System.out.println("输出时数组下标越界!");
            }
        }
    }
```

程序的运行结果如下:

(1) 在 console 窗口中输入 Hello 以 Enter 键结束,输出结果。

输入字符序列:
Hello
你输入的字符序列是: Hello

(2) 在 console 窗口中输入 Hello Tom 以 Enter 键结束,输出结果。

输入字符序列:
Hello Tom
你输入的字符序列是: Hello Tom
输出时数组下标越界!

(3) 在 console 窗口中输入 Hello Jack 以 Enter 键结束,输出结果。

输入字符序列:
Hello Jack
你所录入的字符超过了数组容量!
你输入的字符序列是: Hello Jack 输出时数组下标越界!

注意事项如下:

(1) 使用 System.in 时强制捕捉 IOException,如果不捕捉此类异常编译将出错。

(2) 如果不捕捉数组越界异常，Java 虚拟机将自动处理异常。

(3) 字符数组默认初始化为 ASCII 码 0，Enter 键转义字符为\n。

8.2.5 异常的捕获与抛出

1. 多 catch 子句

从上面的案例中可以看出，一个 catch 子句中只能指定一种异常类型。如果其中的异常类型多于一种，可以放置多个 catch 子句，每个 catch 子句用于捕获不同类型的异常，每一种异常类型都将被检查，第一个与抛出异常类型相匹配的 catch 子句就会被执行。如果一个类的异常和其子类的异常同时存在的话，应把子类异常的捕获放在前面，否则将永远不会到达子类。

2. try 语句的嵌套

前文的例子中程序都是顺序执行的，并没有涉及方法调用。如果一段程序中有方法调用，而在方法内外都有异常处理的语句，那么异常处理的顺序和范围又如何确定。可以在一个成员方法调用的外面写一个 try 语句，在这个成员方法内部，写另一个 try 语句保护其他代码。程序执行时，每当遇到一个 try 语句，异常的框架就放到堆栈上面，直到所有的 try 语句都完成。如果下一级的 try 语句没有对某种异常进行处理，堆栈就会展开，将异常对象交给上一级程序来处理，直到遇到处理这种异常的语句为止。下面是一个 try 语句嵌套的例子。

例 8-1 try 语句嵌套。

```java
//TryTest.java
package ch08;
public class TryTest{
    static void method(){
        try{
            int z[]={1};
            z[6]=99;
        }catch(ArrayIndexOutOfBoundsException e){
            System.out.println("数组下标越界:"+e);
        }
    }
    public static void main(String args[]){
        try{
            int x=args.length;
            System.out.println("x="+x);
            int y=5/x;
            method();
        }catch(ArithmeticException e){
            System.out.println("除数为零:"+e);
        }
    }
}
```

以 java TryTest 命令运行程序，结果是如下：

x=0
除数为零:java.lang.ArithmeticException:/by zero

以 java TryTest hello 命令运行程序,结果如下:

x=1
数组下标越界:java.lang.ArrayIndexOutOfBoundsException:6

成员方法 method() 里有自己的 try...catch 结构,所以 main() 不用去处理 ArrayIndexOutOfBoundsException。但是,如果 method 方法中没有自己的 try...catch 结构,数组下标越界的异常又由谁来捕获,是否会交由 method()的上层 main 来捕获异常。读者可以修改本例进行验证。

3. throw 语句

前面例子中的异常都是由 Java 虚拟机自动抛出的,而 Java 也向程序员提供了 throw 语句用来明确地抛出一个异常。首先,必须得到一个 Throwable 实例的控制柄,也就是一个异常对象的引用,通过参数传到 catch 子句,或者用 new 操作符来创建一个异常对象。下面是 throw 语句的通常形式:

```
throw ThrowableInstance;
```

程序会在 throw 语句后立即终止,其后的语句将不被执行,然后在包含它的所有 try 语句块中从里向外寻找含有与所抛出异常对象类型匹配的 catch 子句。下面是一个含有 throw 语句的例子。

例 8-2 throw 抛出异常。

```
//ThrowTest.java
package ch08;
public class ThrowTest{
    static void method(){
        try{
            throw new NullPointerException("空引用");
        }catch(NullPointerException e){
            System.out.println("在方法内捕获空引用异常!");
            throw e;
        }
    }
    public static void main(String args[]){
        try{
            method();
        }catch(NullPointerException e){
            System.out.println("在主方法中再次捕获空引用异常:"+e);
        }
    }
}
```

程序的运行结果如下:

在方法内捕获空引用异常!

在主方法中再次捕获空引用异常:java.lang.NullPointerException: 空引用

在本例中,在 method 方法中用 new 操作符创建一个 NullPointerException 异常类对象,虽然没有实际意义,但是可以观察这个异常的去向。这个异常在执行 method 方法的 try 语句块时被 throw 语句主动抛出。随后被 method 方法中的 catch 子句捕获,捕获异常后的处理是打印字符串"在方法内捕获空引用异常!"。然后被 throw 语句再次抛出,实际到这里 method()方法的异常处理工作已经结束。然而最后被 throw e 语句抛出的异常还没有被捕获,这样这个异常就被交由 method()的上级 main()来处理了;main()里也有自己的 try…catch 结构,所以由 method 中的 throw e 语句抛出的异常被 main()中的 catch 子句再次捕获,进行异常处理,打印字符串"在主方法中再次捕获空引用异常"。因此这个异常被两次抛出两次捕获,说明了 throw 语句如何主动抛出异常,也验证了前面遗留的问题,即下级没有处理的异常会被由里向外逐次交由上级处理,直到找到类型一致的异常处理语句为止。本例中的 NullPointerException 类称为空引用异常,当在一个需要对象的地方使用值为 null 的引用时,或试图调用一个 null 对象的方法时会产生此类异常,它是 RuntimeException 的子类,其结构如图 8-4 所示。

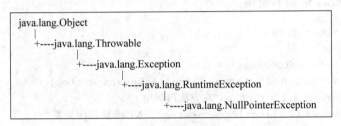

图 8-4 空引用异常

4. throws 语句

throws 和 throw 语句只有一个字母之差,但作用却截然不同。throws 用来标明一个成员方法可能抛出的各种异常,但不一定真正抛出。对大多数 Exception 子类来说,Java 编译器会强制声明在一个成员方法中抛出的异常类型。例如,在成员方法中有 I/O 操作的语句,则强制声明抛出 I/O 异常的类型。如果异常的类型是 Error 或 RuntimeException 或它们的子类,这个规则不起作用,因为这在程序的正常部分中是不期待出现的。如果想明确地抛出一个 RuntimeException,必须用 throws 语句来声明它的类型。这就重新定义了成员方法的语法:

方法类型 方法名(参数列表)throws 异常列表

下面是一段程序,它抛出了一个异常,但既没有捕捉它,也没有用 throws 来声明。这在编译时将不会通过。

例 8-3 不使用 throws 语句。

```
//ThrowsTest.java
package ch08;
public class ThrowsTest{
```

```
    static void method(){
      System.out.println("在方法内部");
      throw new IllegalAccessException("非法访问异常");
    }
    public static void main(String args[]){
      method();
    }
}
```

程序的运行结果如下:

```
Exception in thread "main" java.lang.Error: Unresolved compilation problem:
    Unhandled exception type IllegalAccessException
    at ch07.ThrowsTest.method(ThrowsTest.java:5)
    at ch07.ThrowsTest.main(ThrowsTest.java:8)
```

为了让这个例子通过编译,需要声明成员方法 method() 抛出了 IllegalAccess-Exception,并且在调用它的成员方法 main() 里捕捉它。下面是正确的例子。

例 8-4 throws 语句的使用。

```
//NewThrowsTest.java
package ch08;
public class NewThrowsTest{
    static void method() throws IllegalAccessException{
        System.out.println("在方法内部");
        throw new IllegalAccessException("非法访问异常");
    }
    public static void main(String args[]){
        try{
            method();
        }catch(IllegalAccessException e){
            System.out.println("捕获非法访问异常:"+e);
        }
    }
}
```

程序的运行结果如下:

在方法内部
捕获非法访问异常:java.lang.IllegalAccessException: 非法访问异常

关于 throws 语句的使用,在第 9 章 I/O 操作的过程中会大量见到。本例中涉及的 IllegalAccessException 类称为非法访问异常,在非法访问类的 forName 方法、findSystemClass 方法、loadClass 方法时产生此类异常,它是 Exception 类的子类。其结构如图 8-5 所示。

8.2.6 finally 语句

当一个异常被抛出时,程序的执行就不再是线性的,跳过某行,甚至会由于没有与异

```
java.lang.Object
   |
   +----java.lang.Throwable
          |
          +----java.lang.Exception
                 |
                 +----java.lang.IllegalAccessException
```

图 8-5 IllegalAccessException 类

常匹配的 catch 子句而过早地返回。有时确保一段代码不管发生什么异常都被执行到是必要的，关键字 finally 就是用来标识这样一段代码的。即使没有 catch 子句，finally 语句块也会在执行 try 语句块后执行。每个 try 语句都需要至少一个与异常相配的 catch 子句或 finally 子句。一个成员方法返回到调用它的成员方法，或者通过一个没捕捉到的异常，或者通过一个明确的 return 语句，finally 子句总是恰好在成员方法返回前执行。下面是一个例子，它有几个成员方法，每个成员方法用不同的途径退出，但都执行了 finally 子句。

例 8-5 finally 语句的执行时机。

```java
//FinallyTest.java
package ch08;
public class FinallyTest{
    static void methodA(){
        try{
            System.out.println("在方法 A 内部");
            throw new RuntimeException("运行时异常");
        }finally{
            System.out.println("方法 A 的 finally");
        }
    }
    static void methodB(){
        try{
            System.out.println("在方法 B 内部");
            return;
        }finally{
            System.out.println("方法 B 的 finally");
        }
    }
    public static void main(String args[]){
        try{
            methodA();
        }catch(Exception e){
        }
        methodB();
    }
}
```

程序的运行结果如下：

在方法 A 内部

方法 A 的 finally
在方法 B 内部
方法 B 的 finally

在本例中,方法 A 以抛出异常的形式退出,方法 B 以 return 语句退出,但两个方法在调用过程中都执行了 finally 子句,实现了不管是否发生异常或者发生了什么样的异常,都确保 finally 子句的执行。那么 finally 子句有什么实际意义呢？在 I/O 操作中会发现,假如对文件进行写操作,无论在写操作过程中是否发生异常,最终需要调用 close 方法将文件关闭,也就是说即使写入文件失败,也是要将文件关闭掉的,所以像 close 这样的语句放在 finally 子句中就再合适不过了。

8.2.7 自主演练

1. 演练任务：设计异常处理

为下面的程序设计异常处理。

```java
public class Test{
    public static void main(String args[]){
        method(0);
        method(1);
        method(100);
    }
    static void method(int n){
        System.out.println("n="+n);
        int s=100/n;
        int[] array={1,2,3};
        array[n]=s;
    }
}
```

2. 任务分析

本章的例子中已经演示了多种异常处理的方法,可仿照前文的例子为本段程序设计异常处理。首先要考虑可能出现异常的种类,分析程序,不难发现有可能出现除数为零异常、数组越界异常等,其次要考虑是要设计独立的 try...catch 结构来分别处理异常,还是设计多 catch 结构来处理异常,最后,本例中涉及方法调用,那么还需要考虑是在方法中捕获异常,还是在调用者中捕获异常。如果对于这几个问题有准确的答案,便可轻松地设计出异常处理的结构。当然异常处理的安排方法不是唯一的,读者可自行设计或更改进行验证。

8.3 小结

异常处理把 Java 程序中可能出现的各种错误都看做异常,集中起来统一处理,程序员只需要说明何处可能出现异常,如何处理即可。

try...catch 异常处理机制。当 try 语句块中发生了一个异常,try...catch 结构会自动在 try 语句块后的各个 catch 子句中找出与该异常类型相匹配的 catch 子句并执行其中的代码来作为对异常的处理，然后程序恢复执行，但不回到异常发生处继续执行，而是执行 try…catch 结构后面的其他代码。

throws 语句是和方法的说明联系在一起的，作用是声明该方法在被调用的过程中可能抛出的异常，但不一定真正抛出异常，而 throw 语句则是真正抛出异常的语句，这种抛出是程序员的主动抛出，抛出的异常会被 catch 子句捕获并进行处理。

不论 try 语句块中是否发生了异常，是否执行过 catch 子句，都要执行 finally 子句，可以说 finally 子句为 Java 异常处理提供了一个清理机制。

习题

一、问答题

1. 什么是异常？
2. Java 异常处理机制的工作原理是什么？
3. 在 Java 异常处理的过程中，Java 虚拟机能做哪些工作？

二、编程题

编写程序，从键盘读入若干整数保存到数组中，计算并输入其平均值，要求处理数组越界异常。

第 9 章 线程技术

在传统程序中,每个程序一般只有一个执行流,而在 Java 中却允许在一个程序中拥有多个执行流。也就是说,一个规模相对更大的任务被分隔成了多个小的执行单元,而这些小的执行单元之间相互配合,共同达到最终的执行效果,这就是所谓的多线程。

使用多线程的好处是显而易见的,程序员可以把占用 CPU 时间较多的任务放到后台执行,而前台执行一些比较吸引人的界面信息。比如在常见的程序中为了提高程序执行者等待执行过程的容忍度,往往会采用后台计算数据,前台显示进度条这样的方式。

9.1 线程的 Java 实现

9.1.1 目标

本节的学习目标是掌握线程的基本概念,线程的创建方式,线程的状态以及改变状态的方式,线程的调度与控制。

9.1.2 情境导入

在丰富多彩的日常生活中,几乎每时每刻都会接收多种多样的信息,或者同时进行多种工作。比如一个电话接线员可能会在接听电话的同时做记录通话内容的工作。一位画家可能会一边听着音乐一边进行绘画创作。某种杀毒软件可能会在后台杀毒的同时,满足用户对于病毒的好奇心,在软件中显示病毒的名称、类型、危害程度甚至病毒的部分特征码。上述列举的情况在人们的生活中是极其常见的,但是对于普通的计算机而言却有着非常大的难度,因为计算机在一个时刻只能做一件事。面向过程的编程方式正是计算机"一时一事"的最佳体现。尽管也会有分支和循环语句的出现,但本质上仍然是程序的顺序执行。

为了解决上述矛盾,即希望计算机在执行某个程序时可以实现一边做事情 A 时也可以同时做事情 B、C,Java 语言引入了线程的概念。

线程是某个进程(可以理解为某个程序)中独立运行的执行流。

在本案例中将使用文本显示的方式来模拟播放歌曲的同时显示歌词。

9.1.3 案例分析

下面以使用媒体播放器播放歌曲的同时显示歌词为例讲解创建并启动线程的方式。

在 Java 中要使用线程有两种方式：一种为直接继承 Thread 类让某个类成为一种特殊的线程；另一种方式是实现 Runnable 接口。在下面的例子中重点学习以继承 Thread 类的方式创建线程。

编写程序前首先思考：使用单线程的方式是否适合实现在播放器中播放歌曲的同时显示歌词。可以想到的是并不适合，因为在播放 MP3 等音乐文件时，计算机是需要解码 MP3 文件后才能够播放的，即播放 MP3 文件需要占用 CPU。而在特定的时间显示歌词同样需要占用 CPU 来观察歌曲播放到了什么位置并在合适的时间显示合适的歌词。如果使用单线程来完成的话，有可能发生的情况是在播放器应当显示歌词的时候音乐停止，而播放音乐时又不能显示歌词，于是多线程的引入就显得格外重要。

9.1.4 案例实施

从案例分析中可以得知，在本例中需要做出两个线程，分别用来播放音乐文件和负责显示歌词，但播放音乐文件本身并不是本章的重点。因此程序中的播放功能由一个可以显示播放时间的 Sing 类来模拟。

（1）编写 Music、Sing 两个线程类分别用来显示音乐时间点和歌词。

（2）编写 Karaoke 类作为放置主方法 main() 的测试类，并启动 Music 和 Sing 两个线程。

```java
//案例 9.1：卡拉 OK 字幕
//Karaoke.java
package ch09.project;
class Music extends Thread{
    String name;
    int timelength;
    public Music(String m, int n){
        name=m;
        timelength=n;
    }
    public void run(){
      while(timelength>0){
        System.out.println("timepoint"+timelength);
        timelength--;
      }
      System.out.println(name +"'s music all done");
    }
}
class Sing extends Thread{
    String name;
    String []lyric;
    int lyrictiming;
    public Sing(String name,String []m, int n){
        this.name=name;
```

```java
            lyrictiming=n;
            lyric=m;
        }
        public void run(){
            while(lyrictiming-->0){
              System.out.println(lyric[lyrictiming]);
            }
            System.out.println(name +"'s lyric all done");
        }
}
public class Karaoke{
    public static void main(String [] args){
      String []currentlyric=
      {  "1:Twinkle, twinkle, little star,",
         "2:How I wonder what you are!",
         "3:Up above the world so high,",
         "4:Like a diamond in the sky.",
         "5:Twinkle, twinkle, little star",
         "6:How I wonder what you are!",
         "7:When the blazing sun is gone",
         "8:When he nothing shines upon," ,
         "9:Then you show your little light,",
         "10:Twinkle, twinkle, all the night. ",
         "11:Twinkle, twinkle, little star,",
         "12:How I wonder what you are!",
         "13:Then the traveler in the dark ",
         "14:Thanks you for your tiny spark;",
         "15:He could not see which way to go,",
         "16:If you did not twinkle so.",
         "17:Twinkle, twinkle, little star,",
         "18:How I wonder what you are!" ,
         "19:Twinkle, twinkle, little star,",
         "20:How I wonder what you are!"
      };
      Music t1=new Music("Little Star",20);
      Sing t2=new Sing("Little Star",currentlyric,20);
      t1.start();
      t2.start();
    }
}
```

程序的运行结果如下:

```
timepoint20
20:How I wonder what you are!
19:Twinkle, twinkle, little star,
timepoint19
timepoint18
18:How I wonder what you are!
17:Twinkle, twinkle, little star,
```

```
timepoint17
16:If you did not twinkle so.
timepoint16
15:He could not see which way to go,
timepoint15
timepoint14
14:Thanks you for your tiny spark;
timepoint13
13:Then the traveler in the dark
timepoint12
12:How I wonder what you are!
11:Twinkle, twinkle, little star,
timepoint11
timepoint10
10:Twinkle, twinkle, all the night.
9:Then you show your little light,
timepoint9
8:When he nothing shines upon,
timepoint8
7:When the blazing sun is gone
timepoint7
6:How I wonder what you are!
timepoint6
timepoint5
5:Twinkle, twinkle, little star
timepoint4
4:Like a diamond in the sky.
timepoint3
3:Up above the world so high,
2:How I wonder what you are!
timepoint2
timepoint1
1:Twinkle, twinkle, little star,
Little Star's lyric all done
Little Star's music all done
```

因为 Thread 类包含在默认导入的包 java.lang 中,所以在程序的开始并没有导入任何包。

在上例的演示中可以看到,实现线程需要首先继承基类 Thread。然后通过调用 start() 方法启动线程。当一个线程得到 CPU 时间片执行时,会自动调用 run() 方法。

对于一个线程而言,run() 方法执行完毕就意味着一个线程的消亡。

9.1.5 基本概念

在本书中并不会为各位读者讲解过多的有关进程和线程的细节,有兴趣的读者可以参考"操作系统"课程的书籍。但进程和线程的概念应该被程序员了解并掌握。线程是被包含在进程中的最小执行单位,它是进程中的一个实体,它不拥有独立的系统资源,多个线程共享进程所拥有的全部资源。进程是一个正在被执行的程序,它是操作系统的基础。

在操作系统中,多个进程同时执行被人们体验为多任务系统。如使用 Internet Explorer 浏览网页的同时使用 Media Player 播放音乐。多个进程可以模拟计算机同时做多个任务。而线程则体现为在特定的某个程序中做多件事。如在 Media Player 播放歌曲的同时显示歌词,在游戏运行的过程中响应对游戏画面质量、音效、游戏速度的菜单设置等。图 9-1 说明了进程和线程的关系。

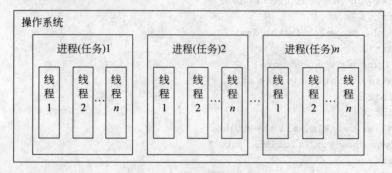

图 9-1 进程和线程的关系

9.1.6 线程的创建

在 9.1.3 小节中曾经提到创建线程的两种方式,并且在案例 9.1 中学习了第一种方式:继承 Thread 类。但是继承 Thread 类实现线程虽然直观但是却有不能避免的缺点。在讲述面向对象部分知识的过程中曾经提到,Java 在继承过程中语法限定只能直接继承一个类,即在继承的语法中 extends 关键字后面只能出现一个类。但是在日常应用中经常出现某一个类既像 X 又像 Y,如某类既是 Applet 又要实现多线程,而 Applet 和 Thread 如果都只能通过继承相应的基类来实现,那么 Applet 和 Thread 就不能在同一个类中共存。那么上述矛盾该如何解决,实现接口。

本节将通过实现 Runnable 接口来完成线程的制作。

例 9-1 使用接口实现线程。

```
//Karaoke1.java
package ch09;
class Music1 implements Runnable{
    String name;
    int timelength;
    Thread t;
    public Music1(String m, int n){
        name=m;
        timelength=n;
        t=new Thread(this);
        t.start();
    }
    public void run(){
       while(timelength>0){
        System.out.println(name+"timepoint"+timelength);
```

```
            timelength--;
        }
        System.out.println(name +"'s music all done");
    }
}
public class Karaoke1{
    public static void main(String [] args){
        new Music1("Little Star",20);
        new Music1("Merry Christmas",10);
    }
}
```

程序的运行结果同案例 9.1。

因为在 Music1 类的构造方法中就已经调用了 start(),所以在 main()中仅仅创建了 Music1 类的对象后线程即可工作。

从上例中可以看到,通过接口来创建线程的步骤如下:

(1) 实现 Runnable 接口。

(2) 把实现了 Runnable 接口类的对象作为参数传给 Thread 类的构造方法。

值得注意的是,在实现 Runnable 接口的过程中 run()需要被重新定义。

9.1.7 线程的状态

在读者对基本的线程知识有所了解后,本节将对线程状态以及状态之间的转换关系做一个梳理,为后面较难的章节做好知识方面的准备。

图 9-2 说明了线程的状态以及在状态转换时需要调用的方法。

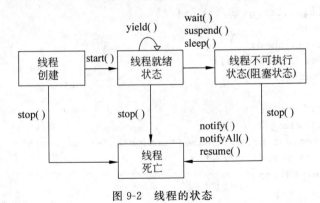

图 9-2 线程的状态

1. 线程的创建

线程通过继承 Thread 类和实现 Runnable 借口创建,并通过调用 start()方法启动。

2. 就绪状态

就绪可以理解为随时可以得到 CPU 时间并执行,但是就绪状态并不意味着线程正在执行。

3. 不可执行状态

不可执行状态也称为阻塞状态,它可以与就绪状态相互转换。线程在就绪状态下调用 wait()、suspend()、sleep()、yield()等方法可以使线程状态转换到不可执行状态。反之当程序执行 notify()、notifyall()、resume()方法会使线程从不可执行状态转换到就绪状态。

4. 线程的死亡

当线程执行 stop()方法或者 run()方法执行结束后都可以使得线程结束它的生命周期。

9.1.8 线程的调度与控制

例 9-1 和例 9-2 虽然能出现两个线程工作并输出各自的运行结果,但并不能满足歌词与时间点成对出现的要求。为了让上面程序出现 9.1.2 小节所描述的预期结果,需要在两个独立执行的 Music 线程与 Sing 线程之间配合起来。这正是本节讲解的重点:线程的调度与控制。

首先通过修改例 9-2 来完成线程间的协作。

例 9-2 使用接口实现线程并同步。

```java
//Karaoke2.java
package ch09;
class Music1 implements Runnable{
    String name;
    int timelength;
    Thread t;
    public Music1(String m, int n){
        name=m;
        timelength=n;
        t=new Thread(this);
        t.start();
    }
    public void run(){
      while(timelength>0){
        System.out.println(name+"timepoint"+timelength);
        Thread.yield(); //200ms
        timelength--;
      }
      System.out.println(name +"'s music all done");
    }
}

public class Karaoke2{
    public static void main(String [] args){
      new Music1("Little Star",20);
      new Music1("Merry Christmas",10);
    }
```

}

程序的运行结果如下:

```
Little Startimepoint20
Merry Christmastimepoint10
Little Startimepoint19
Merry Christmastimepoint9
Little Startimepoint18
Merry Christmastimepoint8
Little Startimepoint17
Merry Christmastimepoint7
Little Startimepoint16
Little Startimepoint15
Merry Christmastimepoint6
Little Startimepoint14
Merry Christmastimepoint5
Little Startimepoint13
Merry Christmastimepoint4
Little Startimepoint12
Merry Christmastimepoint3
Little Startimepoint11
Merry Christmastimepoint2
Little Startimepoint10
Merry Christmastimepoint1
Little Startimepoint9
Merry Christmas's music all done
Little Startimepoint8
Little Startimepoint7
Little Startimepoint6
Little Startimepoint5
Little Startimepoint4
Little Startimepoint3
Little Startimepoint2
Little Startimepoint1
Little Star's music all done
```

从输出结果可以直观地看到,本例中 Music1 和 Music2 的时间点是交替输出的。原因在于在两个线程执行过程中,每次输出各自的时间点后都会执行 yield() 方法。在 Java 中,yield() 方法的功能是交出当前 CPU 的控制权,让其他线程执行。因此,本程序出现了两段歌词的时间轮换出现的效果。值得注意的是,本程序每次执行的输出结果都有可能略有不同,其原因是在本程序中除了 Music1 和 Music2 两个线程外还有 Karaoke1 类中的 main 线程,而在程序执行过程中的细小差别正是因为 main 线程的存在造成的。在后面的实例中也会出现同样的情况。

下面的示例是修改案例 9.1 后使音乐时间点和歌词同步的一个新版本。

例 9-3 使用继承 Thread 的方式实现线程并同步。

```
//Karaoke3.java
```

```java
package ch09;
class Music extends Thread{
    String name;
    int timelength;
    public Music(String m, int n){
        name=m;
        timelength=n;
    }
    public void run(){
      while(timelength>0){
        System.out.println("timepoint"+timelength);
        try{
          Thread.sleep(200); //200ms
        }catch(InterruptedException e){
          return;
        }
        timelength--;
      }
      System.out.println(name +"'s music all done");
    }
}
class Sing extends Thread{
    String name;
    String []lyric;
    int lyrictiming;
    public Sing(String name,String []m, int n){
        this.name=name;
        lyrictiming=n;
        lyric=m;
    }
    public void run(){
        while(lyrictiming-->0){
          System.out.println(lyric[lyrictiming]);
          try{
            Thread.sleep(200); //200ms
          }catch(InterruptedException e){
            return;
          }
        }
        System.out.println(name +"'s lyric all done");
    }
}
public class Karaoke3{
    public static void main(String [] args)
    {
        String []currentlyric=
        {   "1:Twinkle, twinkle, little star,",
            "2:How I wonder what you are!",
            "3:Up above the world so high,",
```

```
            "4:Like a diamond in the sky.",
            "5:Twinkle, twinkle, little star",
            "6:How I wonder what you are!",
            "7:When the blazing sun is gone",
            "8:When he nothing shines upon,",
            "9:Then you show your little light,",
            "10:Twinkle, twinkle, all the night. ",
            "11:Twinkle, twinkle, little star,",
            "12:How I wonder what you are!",
            "13:Then the traveler in the dark ",
            "14:Thanks you for your tiny spark;",
            "15:He could not see which way to go,",
            "16:If you did not twinkle so.",
            "17:Twinkle, twinkle, little star,",
            "18:How I wonder what you are!",
            "19:Twinkle, twinkle, little star,",
            "20:How I wonder what you are!"
        };
        Music t1=new Music("Little Star",20);
        Sing t2=new Sing("Little Star",currentlyric,20);
        t1.start();
        t2.start();
    }
}
```

程序的运行结果同例 9-2。

Thread.sleep(200)方法的调用可以让某个线程处于不可执行状态,括号中的参数表示该线程处于不可执行状态的时间,以毫秒为单位。本例中要求线程睡眠 200ms。

下面再举一例,其中演示了线程间更复杂的协作推进。

例 9-4 线程方法演示。

```
//ThreadsControlled.java
package ch09;
public class ThreadsControlled{
  public static void main(String [] args){
    ThreadOne first=new ThreadOne();
    ThreadTwo second=new ThreadTwo();
    ThreadThree third=new ThreadThree(second);
    first.start();
    second.start();
    third.start();
    try{
        System.out.println("Waiting for thread one to finish");
        first.join();
        System.out.println("It's in main, and first thread has finished!");
        System.out.println("Waiting for thread two to finish");
        second.join();
        System.out.println("It's in main, and second thread has finished!");
    }catch(InterruptedException e){
```

```
        e.getMessage();
      }
      System.out.println("I am ready to finish");
    }
}
class ThreadOne extends Thread{
   public void run(){
     try{
        System.out.println("Thread one starts");
        sleep(3000);
        System.out.println("Thread one finish");
     }catch(InterruptedException e){}
   }
}
class ThreadTwo extends Thread{
   public void run(){
     System.out.println("Thread two starts");
     System.out.println("Thread two will suspend");
     suspend();
     System.out.println("Thread two runs again");
   }
}
class ThreadThree extends Thread{
    Thread s;
    public ThreadThree(Thread s){this.s=s;}
    public void run(){
       try{
            sleep(4000);
       }catch(InterruptedException e){}
       s.resume();
       System.out.println("Thread three finish");
    }
}
```

程序的运行结果如下：

```
Thread one starts
Thread two starts
Thread two will suspend
Waiting for thread one to finish
Thread one finish
It's in main, and first thread has finished!
Waiting for thread two to finish
Thread three finish
Thread two runs again
It's in main, and second thread has finished!
I am ready to finish
```

本例中一共出现了 4 个线程，它们分别是 first、second、third 和 main。在执行本程序的过程中可以发现一个非常有趣的现象：本程序的输出结果充满了变数。下面说明程序中的这些变化是怎样造成的。首先在 main 线程中,当 first、second、third 全部执行了 start()方法之后,3 个线程都处于就绪状态,但是究竟哪个线程会得到执行的机会无法确定,所以在开始时输出信息的先后顺序不确定。随后在程序中又多次出现了多个线程同时就绪的情况,鉴于同样的情况,再次使得输出结果的不确定。虽然在程序执行过程中充满了操作系统分配时间片的不确定性,但从结果中可以看出在执行了 suspend()、resume()、join()方法后特定语句的先后输出顺序一定是确定的。

9.2 多线程处理

9.2.1 目标

在学习和掌握了线程的基本概念、创建及使用方式之后。本节将学习线程的进阶知识,包括线程的同步与锁机制,线程的等待与唤醒等,以及线程以上方面的使用过程中所碰到的问题。本节的学习目标为灵活应用线程的知识解决常见问题。

9.2.2 情境导入

在日常生活中购买火车票是伴随每位同学学期始末的一件事,下面一起回想在火车站售票处买票的情境。在售票大厅中有多个窗口在同时售票,售票员与旅客、售票员与售票员之间没有任何事前的沟通,即多个售票窗口的工作是相互独立进行的。这样的情形与一个程序中多个独立执行的线程非常类似。同时相互独立执行的售票窗口之间还在无形中共享着同一个资源,那就是某一个车次的总票数。一旦某一窗口将某一车次的最后一张票售出,其他窗口都会提示票已售罄。可能读者会奇怪,上述情况很正常,否则就会出现程序错误,比如同一张车票被重复卖出的情况。但是这些在生活中看似理所应当的情况在对应到 Java 中多线程的程序时该怎样处理,相互之间独立运行的线程该怎样共享某个资源。下面将一一为读者分析。

9.2.3 案例分析

在本案例中,每个售票窗口都是一个独立的线程,它们各自为政,独立运行。让多个线程共享票据资源方式的细节会在后面章节中详细讲解。图 9-3 为线程执行时的程序流程图。

9.2.4 案例实施

从案例分析中可知,多个线程需要共享同一个资源,因此在程序中如何控制资源的安全性便成了本案例的考量重点,下面给出案例 9.2 的具体实施步骤。

(1) 编写售票处用类 TicketOffice 实现 Runnable 接口。

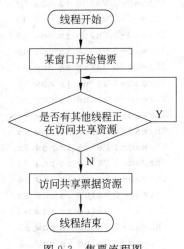

图 9-3 售票流程图

(2) 编写 run()方法,并在 TicketOffice.java 和 TicketOfficeV1.java 的实现过程中加以区别。其中 TicketOfficeV1 是正确的示范。

```java
//案例 9.2: 售票厅
//TicketOffice.java
package ch09.project;
public class TicketOffice implements Runnable{
    public int x=100;
    public void run(){
        int temp;
        while(x>1){
          temp=x-1;
          try{
            Thread.sleep(1500);
          }catch(InterruptedException e){
             return;}
          x=temp;
          System.out.println(Thread.currentThread().getName()+"Value is now"+
          x);
        }
    }
    public static void main(String [] args){
        TicketOffice hr=new TicketOffice();
        Thread office1=new Thread(hr);
        Thread office2=new Thread(hr);
        office1.start();
        office2.start();
    }
}
```

程序的运行结果如下:

```
Thread-1 Value is now 99
Thread-0 Value is now 99
Thread-1 Value is now 98
Thread-0 Value is now 98
Thread-0 Value is now 97
Thread-1 Value is now 97
Thread-0 Value is now 96
Thread-1 Value is now 96
Thread-0 Value is now 95
Thread-1 Value is now 95
Thread-1 Value is now 94
Thread-0 Value is now 94
Thread-0 Value is now 93
Thread-1 Value is now 93
Thread-0 Value is now 92
Thread-1 Value is now 92
Thread-0 Value is now 91
Thread-1 Value is now 91
```

```
Thread-0 Value is now 90
Thread-1 Value is now 90
...
```

从输出中可以看出,两个售票线程 office1 和 office2 在运行时会把每一张票都重复出售一次的错误情况。正确的流程是:office1 或 office2 中的一个线程获得当前车票的数量 x,利用中间变量 temp 使其数量减一后,再把 temp 变量的值写回 x,期间不能出现其他售票线程的干扰。但是在本程序的实现过程中刻意使用了 sleep()方法模拟了在两个线程同时推进时,office1 线程在售票步骤的前两步进行完毕,回写变量 x 之前失去 CPU 使用权的情况。这时线程 office2 会开始执行并且读取到了错误的车票数,从而造成整个程序出错。

下面的 TicketOfficeV1 程序演示了如何编写一个正确的火车票售卖程序。

```java
//案例 9.3: 改版售票厅
//TicketOfficeV1.java
package ch09.project;
public class TicketOfficeV1 implements Runnable{
    public int x=100;
    public void run(){
      int temp;
      while(x>1){
          synchronized(this){
              temp=x-1;
              try{
                  Thread.sleep(500);
              }catch(InterruptedException e){
                  return;}
              x=temp;
              System.out.println(Thread.currentThread().getName()+
                          " Value is now" +x);
          }
        }
      }
    public static void main(String [] args){
      TicketOfficeV1 hr=new TicketOfficeV1();
      Thread office1=new Thread(hr);
      Thread office2=new Thread(hr);
      office1.start();
      office2.start();
    }
}
```

程序的运行结果如下:

```
Thread-0 Value is now 99
Thread-0 Value is now 98
Thread-0 Value is now 97
Thread-1 Value is now 96
```

```
Thread-1 Value is now 95
Thread-1 Value is now 94
Thread-0 Value is now 93
Thread-1 Value is now 92
Thread-1 Value is now 91
Thread-1 Value is now 90
```

TicketOfficeV1 类中 synchronized(this){...} 的含义是,如果当前程序拥有多个线程,那么只允许一个线程访问{}中包含的代码段,除非访问该代码段的程序退出,否则其他线程禁止进入。

9.2.5 同步与锁机制

对于 Java 的对象而言有一个共同的特点,就是每个对象都有一个对象锁可以被用于线程中临界资源的访问。因此 synchronized(this)语句段括号中包含的 this 对象可以更换为任意一个对象,当然在编写程序过程中使用 this 会更加方便。

某些时刻会在程序中出现类似下面的应用方式:

```
public class TicketOfficeV1 implements Runnable{
    ⋮
    public void run(){
        synchronized(this){...}
    }
    …
}
```

上面程序段演示了一种使用锁的特例:在整个方法中都需要使用锁。于是在 Java 中出现了对整个方法都线程同步的简便写法,如例 9-5 所示。

例 9-5 线程方法演示。

```
//TicketOfficeV2.java
package ch09;
public class TicketOfficeV2 implements Runnable{
    public synchronized void run(){
        int temp;
        while(x>1){
            temp=x-1;
            try{
                Thread.sleep(500);
            }catch(InterruptedException e){
                return;}
            x=temp;
            System.out.println(Thread.currentThread().getName()+" Value is
            now" +x);
        }
    }
    public static void main(String [] args){
    TicketOfficeV1 hr=new TicketOfficeV1();
```

```
    Thread office1=new Thread(hr);
    Thread office2=new Thread(hr);
    office1.start();
    office2.start();
    }
}
```

上述代码中,在 run()方法定义的同时写出了 synchronized 关键字,代表着整个 run()方法被用于线程同步。

9.2.6 线程的等待与唤醒

在操作系统中有一个经典问题,当然也是日常生活中经常会碰到的情况,它被称为"生产者—消费者问题"。

生产者负责生产成品,消费者负责消费生产者生产出的物品,并且要求生产者和消费者配合工作。生产者产出成品后只有等到消费者消费了该产品后才能继续生产新的产品;同样消费者只有等到产出了产品后才能消费并且不能连续消费。

例 9-6 操作系统经典问题:生产者与消费者。

```
//Consumer.java
package ch09;
public class Consumer extends Thread {
    private Plate plate;
    private int number;

    public Consumer(Plate plate, int number) {
        this.plate=plate;
        this.number=number;
    }

    public void run() {
        int value=0;
        for (int i=0; i<10; i++) {
            value=plate.getThings();
            System.out.println("Consumer #" +this.number +" got: " +value);
        }
    }
}

//Producer.java
package ch09;
public class Producer extends Thread {
    private Plate plate;
    private int number;

    public Producer(Plate plate, int number) {
        this.plate=plate;
        this.number=number;
```

```java
        }
        public void run() {
            for (int i=0; i <10; i++) {
                plate.setThings(i);
                System.out.println("Producer #" +this.number +" put: " +i);
                try {
                    sleep((int)(Math.random() * 100));
                } catch (InterruptedException e) { }
            }
        }
    }
```

在生产者和消费者两个 Java 源程序的实现过程中,其思路基本一致的。首先在其类体内编写一个 Plate 类型的成员变量用来代表程序中的生产者和消费者都要使用的中介容器(在本例中用盘子表示),然后使用构造方法传入具体的容器对象对其初始化,最后通过编写 run()方法来达到生产者制作数字,消费者获取数字的功能。

```java
//Plate .java
package ch09;
public class Plate {
    private int things;
    private boolean available=false;

    public synchronized int getThings() {
        while (available==false) {
            try {
                wait();
            } catch (InterruptedException e) { }
        }
        available=false;
        notifyAll();
        return things;
    }

    public synchronized void setThings(int inputThings) {
        while (available==true) {
            try {
                wait();
            } catch (InterruptedException e) { }
        }
        things=inputThings;
        available=true;
        notifyAll();
    }
}

//ProducerConsumerTest.java
package ch09;
public class ProducerConsumerTest {
```

```
public static void main(String[] args) {
    Plate p=new Plate();
    Producer producer1=new Producer(p, 1);
    Consumer consumer1=new Consumer(p, 2);
    producer1.start();
    consumer1.start();
}
}
```

程序的运行结果如下：

```
Producer #1 put: 0
Consumer #2 got: 0
Producer #1 put: 1
Consumer #2 got: 1
Producer #1 put: 2
Consumer #2 got: 2
Producer #1 put: 3
Consumer #2 got: 3
Producer #1 put: 4
Consumer #2 got: 4
Producer #1 put: 5
Consumer #2 got: 5
Producer #1 put: 6
Consumer #2 got: 6
Consumer #2 got: 7
Producer #1 put: 7
Consumer #2 got: 8
Producer #1 put: 8
Producer #1 put: 9
Consumer #2 got: 9
```

类 Plate 的写法是本程序的核心部分，而对类 Plate 中的 getThings()方法和 setThings(int inputThings)方法的同步机制又是核心中的核心。请读者仔细体会类 Plate 的写法并且思考如果类 Plate 写成如下写法会出现怎样输出。

```
class Plate {
    private int things;
    public int getThings(){
        return things;
    }
    public void setThings(int inputThings){
        things=inputThings;
    }
}
```

9.2.7 自主演练

1. 演练任务：模拟排队购物

2. 任务分析

在排队购物的情境中，每个队伍间的关系都是相互独立、互不影响的，所以线程的概念在此演练中使用比较适合。程序中,每个队伍可以看做是一个线程,在线程中放置一个变量作为队伍长短的状态,初始化队伍的状态,并编写进入队伍和退出队伍的对应功能方法。

3. 注意事项

本演练可分为两个步骤进行,首先编写多个队伍之间购买不同种商品的程序,然后编写多个队伍共同购买同一种商品的演练。也就是在第二种编程方式中需要线程间的通信。

9.3 线程的其他特性

9.3.1 目标

有关线程更多相对复杂的概念和特性会在本章提及,包括主线程和守护线程、线程组与线程池、死锁等。在学习了本章的内容后读者应熟悉在使用线程解决问题过程中会碰到的各种状况以及应对方式。

9.3.2 情境导入

在计算机系统的使用过程中,经常会发生某些资源共享和独享出现矛盾的情况,比如网络打印机、扫描仪、文件等。这些设备在表面上是共享的,但在实际使用时却是独享的。以打印机为例,如果多个程序同时提出打印请求就会出现供不应求的情况。而且每个程序都有自己的执行时间,所以一旦程序间的推进速度出现偏差就会发生相互等待的情况,导致整个打印的过程无法进行。

日常生活中也会碰到一些这样的例子。点燃一支蜡烛需要同时拥有火柴和蜡烛,但它们被分别放在了一个黑暗的屋子里的不同角落,由甲乙两人一起去寻找并点燃。假设甲或乙其中一人同时找到了火柴和蜡烛,则房间被点亮;而假设甲找到了火柴而乙找到了蜡烛,在甲乙两人没有任何交流的情况下,屋子是永远都不会被照亮的。

下图说明了屋子是否可以被照亮的情况。图 9-4(a)是希望出现的正常情况,而图 9-4(b)则会产生死锁。

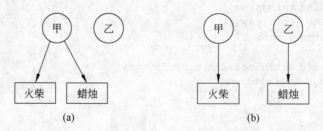

图 9-4 死锁的形成

9.3.3 案例分析

本案例针对图 9-4(b)中发生的状况做出一个死锁程序。首先应该在程序中做出两个临界资源,这样可以约束两个线程不能同时访问它们,本步骤用来保证线程间没有交流。第二让甲线程得到其中一个资源而乙线程得到另一个,这样便可造成死锁,使得程序无法继续进行下去。图 9-5 说明了程序的执行过程。

9.3.4 案例实施

本案例的关键在于当前的死锁并不是系统中的偶发状况,而是人为编写的死锁演示,因此如何确保程序能够发生死锁是本案例的重点。

(1) 编写死锁类 DeadLock。
(2) 制作两个临界资源变量 locker1 和 locker2。
(3) 创建两个线程,并使其分别得到两个临界资源的其中一个。

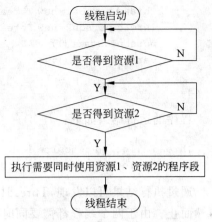

图 9-5　死锁发生的执行流程图

```java
//案例 9.4：死锁
//DeadLock.java
package ch09.project;
public class DeadLock
{   static Object locker1=new Object();
    static Object locker2=new Object();
    class T1 implements Runnable{
        public void run(){
            synchronized(locker1){
                System.out.println("Thread 1:locked resource 1");
                try{Thread.sleep(50);
                }catch(InterruptedException e) {}
            synchronized(locker2){
                System.out.println("Thread 1: locked resource 2");
            }
          }
        }
    }
    class T2 implements Runnable{
        public void run(){
            synchronized(locker2){
              System.out.println("Thread 2:locked resource 2");
              try{Thread.sleep(50);
              }catch(InterruptedException e) {}
            synchronized(locker1){
                System.out.println("Thread 2: locked resource 1");
            }
          }
        }
    }
    public static void main(String[] args)
    {
        DeadLock dl=new DeadLock();
```

```
            Thread person1=new Thread(dl.new T1());
            Thread person2=new Thread(dl.new T2());
            person1.start();
            person2.start();
        }
    }
```

程序的运行结果如下：

```
Thread 1:locked resource 1
Thread 2:locked resource 2
```

通过执行结果可以发现，Thread1 和 Thread2 在分别得到了其中一个资源之后，程序戛然而止。由于两个线程都需要同时得到两个资源才能完成 run() 的执行，所以本运行结果其实为程序中"病态"的情况。

在本程序中为了让程序出现两个线程各得一个临界资源的情况，特别在每个线程得到了其中的一个资源后执行 sleep() 方法。

9.3.5 主线程和守护线程

在使用某些文字编辑软件（如 WPS 或 Word）的过程中，如果输入者在长时间输入但并未保存时，一旦发生断电等突发事件的话，在系统恢复后再次打开文字编辑软件时会发现编辑的大部分内容仍然存在，而不必大段地重新输入。其中原因是在上述列举的软件中拥有一个特定功能——定时保存，而这个定时保存功能是不需要使用者刻意执行的。这种不需要使用者主动执行的功能通常称为"后台"。这里的"后台"在线程的概念中即指守护线程，而与"后台"对应的"前台"应用程序则是前面经常提到的主线程。

例 9-7 后台自动保存程序。

```java
//守护线程
//DaemonThreads.java
package ch09;
public class DaemonThreads extends Thread {
    private int num;
    public DaemonThreads() {
        setDaemon(true);                    //Must be called before start()
        start();
    }
    public void run() {
        while(true) {
            if(DaemonTest.flag==0)
            {
                try {
                    sleep((int)(2000));
                } catch (InterruptedException e) { }
            }
            else
            {
```

```
            System.out.println("以下是守护线程输出");
            for(int i=0;i<5;i++)
            {   num++;
                System.out.println("守护线程输出："+num);}
            DaemonTest.flag=0;
        }
    }
}

//主线程
//DaemonTest.java
package ch09;
import java.io.*;
public class DaemonTest {
    static int flag=0;
    public static void main(String[] args) throws Exception
    {
        new DaemonThreads();
        BufferedReader stdin=
            new BufferedReader(
                new InputStreamReader(System.in));
        while(true){
          System.out.println("在主线程中输入数字:");
          flag=Integer.parseInt(stdin.readLine());
          System.out.println("你的输入为："+flag);
          if(flag==-1)break;
        }
    }
}
```

程序的运行结果如下：

在主线程中输入数字：
1
你的输入为：1
在主线程中输入数字：
以下是守护线程输出
守护线程输出：1
守护线程输出：2
守护线程输出：3
守护线程输出：4
守护线程输出：5
2
你的输入为：2
在主线程中输入数字：
以下是守护线程输出
守护线程输出：6
守护线程输出：7
守护线程输出：8

守护线程输出: 9
守护线程输出: 10

9.3.6 线程组与线程池

顾名思义,线程组就是多个线程放在某个特定的序列中,它可以使线程的管理变得更加方便。ThreadGroup 代表线程组类,当程序中需要创建多个线程并统一管理时,线程类提供了一个拥有线程组参数的构造方法来完成此项工作。

例 9-8 线程池。

```
//MyThreads.java
package ch09;
public class MyThreads implements Runnable{
  public void run(){
    while(true){
      System.out.println("thread"+Thread.currentThread().getName());
      try{
        Thread.sleep(1000);
      }catch(Exception e){
        e.getMessage();}
    }
  }
  public synchronized void m(){
    ThreadGroup g=new ThreadGroup("My Group");
    MyThreads a=new MyThreads();
    MyThreads b=new MyThreads();
    MyThreads c=new MyThreads();
    Thread r=new Thread(g,a);
    Thread s=new Thread(g,b);
    Thread t=new Thread(g,c);
    r.start();
    s.start();
    t.start();
    g.list();
    g.suspend();
    try{
       System.out.println("The main thread will sleep.");
       Thread.sleep(3000);
       System.out.println("The main thread wake up.");
    }catch(Exception e){}
    g.resume();
    try{
       System.out.println("The main thread will sleep.");
       Thread.sleep(3000);
       System.out.println("The main thread wake up.");
    }catch(Exception e){}
    g.stop();
```

```
    }
    public static void main(String[] args){
        MyThreads a=new MyThreads();
        a.m();
    }
}
```

程序的运行结果如下：

```
threadThread-0
threadThread-2
threadThread-1
java.lang.ThreadGroup[name=My Group,maxpri=10]
Thread[Thread-0,5,My Group]
Thread[Thread-1,5,My Group]
Thread[Thread-2,5,My Group]
The main thread will sleep.
The main thread wake up.
threadThread-0
threadThread-2
threadThread-1
The main thread will sleep.
threadThread-0
threadThread-2
threadThread-1
threadThread-1
threadThread-0
threadThread-2
The main thread wake up.
```

和上述几节中的大多数线程程序相同的是，在线程没有同步的情况下，最终的输出结果是不确定的。

9.3.7 死锁

死锁是操作系统中描述线程活动状态时引入的概念，发生死锁的前提条件是在程序中存在两个或两个以上的活动线程。在程序中拥有特定的个数的资源，它们不允许多个线程同时操作，每次操作时只能由一个线程读写，被称为锁。当某个线程得到了某个锁后，还需要得到其他锁，即单个线程同时占有多个资源，此时就可能发生死锁现象。

以下方法可预防死锁现象发生。

（1）如果某个线程得到了其执行所需的锁后，假设还需要得到另外的锁，一定要先释放已得的锁。任何同时占用多个锁都是不安全的。

（2）在加锁的代码块，尽量不要调用其他方法。因为很难在被调用的方法中释放其已占用的锁。假设需要调用其他方法，则需要确定该方法不会请求除本锁以外的其他锁。

（3）如遇到在已经占用了某个锁的线程中必须调用其他锁的情况，必须确定下个锁对象中不会再回调,类似在案例9.4中出现的情况。

9.4 小结

本章系统地介绍了Java程序中线程常见的创建和使用方法,但是有关线程的程序编写细节除了对Java语法的掌握之外,更多的还需要对操作系统课程有一定的理解。并且不同的操作系统对线程的控制也会有差异,比如CPU的时间分配等。

总而言之,多线程编程是一个相对比较困难的议题,要求程序员的综合素质较高,在编程过程中也要更加小心。

习题

一、选择题

1. 线程在生命周期中,如果线程当前是新建状态,则它可到达的下一个状态是( )。
   A. 运行状态　　　　B. 阻塞状态　　　　C. 就绪状态　　　　D. 终止状态
2. 下列关于Java多线程并发控制机制的叙述中,错误的是( )。
   A. Java中对共享数据操作的并发控制是采用加锁技术
   B. 线程之间的交互,提倡采用suspend()/resume()方法
   C. synchronized是线程同步的一种重要方式
   D. Java中没有提供检测与避免死锁的专门机制,但应用程序员可以采用某些策略防止死锁
3. ( )不是创建线程的方式。
   A. 使用Thread类　　　　　　　　　B. 使用Thread的派生类
   C. 实现Runnable接口　　　　　　　D. 调用run()方法
4. 下列选项中( )可以将线程从就绪状态变为阻塞状态。
   A. wait()　　　　　　　　　　　　B. suspend()
   C. sleep()　　　　　　　　　　　　D. stop
5. ( )可以保证一个资源同时只能被一个线程访问。
   A. Thread　　　　　　　　　　　　B. stop()
   C. Runnable　　　　　　　　　　　D. synchronized

二、判断题

1. 启动一个新线程的方法是调用start()方法。　　　　　　　　　　　　　　( )
2. 线程在执行了sleep()方法后是无法被唤醒的。　　　　　　　　　　　　　( )
3. 线程是一种被包含在进程中的更小的概念,也被称为轻量级进程。　　　　( )
4. 线程在执行的过程中永远都不会碰到死锁的状况。　　　　　　　　　　　( )
5. 守护线程的类名为DaemonThreads。　　　　　　　　　　　　　　　　　( )

三、问答题

1. 如何在 Java 中实现多线程？简述两种方法的异同。
2. 简述线程的状态及其转换关系。

四、编程题

1. 请使用两个线程随机生成数字，要求两个线程交替生成数字。
2. 请结合 Applet 中的内容编写，在显示当前系统时间的同时播放音乐。

第10章 综合项目设计

在前面的章节中,已经学习了Java语言的基本知识以及相关的应用技术,并通过简单、实用的案例剖析了解决问题的方法与思路,用简洁、层次清晰的Java语句实现了所需功能。在各个案例的核心代码中,主要用到了每章节需要学习的知识要点,程序设计的基本思想在案例中均有所体现,虽然个别案例的规模略显短小,但面向对象的程序设计思想贯彻其中。本章从知识的综合应用角度出发,设计了一些比较实用且功能逻辑比较复杂的项目,类中各方法间的逻辑关系密切,层次结构清晰。

10.1 目标

能够综合应用所学知识,分析问题的解决过程,规范应用Java语言,进一步掌握面向对象的程序设计思想,能够设计恰当的类方法解决相对独立的问题。通过对简单项目的分析、编程实现,学会分析项目的设计思路,灵活应用Java的类库功能,并能够查找、应用尚未学习的有关Java语言的技术要点,从而提高自我学习的能力。

10.2 情境导入

日常工作中经常会用到一些工具来管理或者编制用到的信息,比如Windows系统中提供的记事本,使用它可以编辑生活中用到的文本信息。虽然它在功能上不如Office Word强大,但对于编辑纯文本格式的信息来说,完全可以胜任。画图工具不仅可以浏览图像,而且也可以对图像进行编辑加工,但如果只是浏览某个目录下的所有图片,该工具的功能略显弱小且不够灵活、便利;ACDSee软件则可以轻松搞定,使用模式也比较多样。另外会用到许多的通信信息,需要及时地保存、更新这些通信信息,虽然保存于手机中可以随时存储、调用,但有时由于手机的遗失,存于手机中的大量信息将不复存在。如果能够保存于电脑文件之中,那将有备无患。下面综合应用Java的编程技术,设计、实现简易记事本、图像浏览器以及个人信息通讯录3个项目。通过这些项目的具体实施,进一步掌握Java语言的知识要点及其应用,深入理解面向对象的程序设计思想,提高综合应用知识的能力。

10.3 案例分析

简易记事本的功能主要仿照 Windows 系统的记事本功能,主要编辑纯文本格式的信息,涉及对文本文件的读写操作。程序模式设计为可独立运行的 Java Application 程序,交互界面采用图形方式,使用下拉式菜单完成各功能模块的管理与调用。窗体的主体由文本域构成,主要用于文本信息的编辑,当文本信息比较多时,会自动出现水平滚动条和垂直滚动条。菜单的功能项设置为四类,分别是文件、编辑、格式和帮助。"文件"菜单中有"新建"、"打开"、"保存"、"另存为"以及"退出"等命令;"编辑"菜单中有"剪切"、"复制"、"粘贴"、"删除"和"全选"等命令;"格式"菜单中只有"字体"命令;"帮助"菜单中只有"关于记事本"命令。

Java 中的字节流不能直接操作 Unicode 字符,要想直接操作字符的输入、输出要使用字符输入/输出类。字符流层次结构的顶层是 Reader 和 Writer 抽象类。FileReader 类可以创建一个读取文件内容的 Reader 类;FileWriter 类可以创建一个写文件的 Writer 类;BufferedReader 类可以一次性从物理流中读取 8KB(默认数值,可以设置)内容到内存,将减少大量的 IO 操作。readLine()方法是按行读取信息,然后在字符串组装构成中,在每一行连接换行符,可确保文件中的信息读到文本域中后,信息格式不发生变化。FileDialog 类定义打开和保存文件对话框,可以读取磁盘上任意路径下的文件信息。JOptionPane 类有助于方便地弹出要求用户提供值或向其发出通知的标准对话框,其方法 showConfirmDialog()弹出询问对话框获得问题的一个确认,方法 showMessageDialog()弹出信息对话框告知用户某事已发生。

图像浏览器的主要功能是浏览图像信息,为了灵活访问图像文件,需要读取磁盘信息,过滤出指定目录下的特定格式的图像文件,并将指定格式的图像文件名加载到选择列表中。设置列表的鼠标监听事件,在鼠标选择某一文件信息时,通过标签对象显示该图像内容。程序启动后,需要读取本程序文件的目录路径,以便获取当前路径下的所有指定格式的图像文件。需要改变路径时,JfileChooser 类为用户选择文件提供了一种简单的机制,其方法 setFileSelectionMode()允许用户选择文件或者选择目录。此外,指定路径下的图像分辨率可能不同,为了充分浏览整个图像信息,设计有放大、缩小以及恢复功能,并通过相应的按钮操作实现图像的放缩、恢复,图像显示大小发生改变时,需要合理使用相关技术,确保图像在放缩过程中不出现失真现象。

个人信息通讯录的主要功能是保存、更新个人的联系信息。初始信息保存于文本文件中,程序运行后将读取该信息并用图形列表将其显示。如果文本文件不存在或者信息为空,则显示列表为空。通过编辑界面可进行信息的添加、修改、删除等操作。信息一旦添加成功,该信息将被存放在指定的文本文件中,并被保存在与程序文件相同的目录内,下次运行程序时,将自动读取该文件内容。Vector 类可以实现可增长的对象数组。与数组一样,它包含可以使用整数索引进行访问的组件。但是,Vector 的大小可以根据需要增大或缩小,以适应创建 Vector 后进行添加或移除项的操作。

10.4 案例实施

1. 简易记事本代码

```java
//案例 10.1：简易记事本
//Notepad.java
package ch10.project;
import java.io.*;
import java.awt.*;
import java.awt.event.*;
import javax.swing.*;
import java.lang.*;
import javax.swing.border.*;

public class Notepad{
  public static void main(String args[]){
    mainFrame mf=new mainFrame();
    mf.setSize(640,480);
    mf.setLocationRelativeTo(null);
  }
}
//定义子类 mainFrame 类,实现 ActionListener、TextListener 和 MouseListener 接口
class mainFrame extends Frame implements ActionListener,TextListener,MouseListener{
    private File f;                          //文件对话框变量
    private int fg=0;
    private String oldText="";
    private String FileName;                 //定义用于保存文件名的变量
    private String fileopen;
    private String CopyText;                 //定义用于保存复制、粘贴的临时变量
    private boolean Saved=false;             //用于标识文本内容是否已经被保存
    private boolean flago=false;
    private boolean fn=true;
    private boolean flagas=false;
    private String titles="简易记事本";
    final int YNC=JOptionPane.YES_NO_CANCEL_OPTION;
    final int WMsg=JOptionPane.WARNING_MESSAGE;
    final int Yes=JOptionPane.YES_OPTION;
    final int No=JOptionPane.NO_OPTION;
    final int Cancel=JOptionPane.CANCEL_OPTION;
    Panel ConP=new Panel();                  //创建菜单栏
    //下面的语句创建菜单
    MenuBar mb=new MenuBar();
    Menu mFile=new Menu("文件");
    Menu mEdit=new Menu("编辑");
    Menu mStyle=new Menu("格式");
    Menu mHelp=new Menu("帮助");
    //下面的语句创建菜单命令及定义快捷方式
    MenuItem miFNew=new MenuItem("新建",new MenuShortcut(78));
    MenuItem miFOpen=new MenuItem("打开",new MenuShortcut(79));
    MenuItem miFSave=new MenuItem("保存",new MenuShortcut(83));
```

```
MenuItem FSaveas=new MenuItem("另存为");
MenuItem mline=new MenuItem("-");
MenuItem miFExit=new MenuItem("退出",new MenuShortcut(81));
MenuItem miSFont=new MenuItem("字体...");
MenuItem miECut=new MenuItem("剪切",new MenuShortcut(88));
MenuItem miECopy=new MenuItem("复制",new MenuShortcut(67));
MenuItem miEPaste=new MenuItem("粘贴",new MenuShortcut(86));
MenuItem miEDelete=new MenuItem("删除",new MenuShortcut(103));
MenuItem miESelectAll=new MenuItem("全选",new MenuShortcut(65));
MenuItem miHAbout=new MenuItem("关于记事本");
TextArea TextContent=new TextArea();
//定义文本区域,实现文字的输入
FileDialog OFDialog=new FileDialog(this,"打开",FileDialog.LOAD);
//定义打开文件的对话框
FileDialog SFDialog=new FileDialog(this,"另存为",FileDialog.SAVE);
mainFrame(){
    FileName="无标题——简易记事本";
    setTitle(FileName);
    //以下语句用于注册各个对象需要监听的事件
    miFNew.addActionListener(this);
    miFOpen.addActionListener(this);
    miFSave.addActionListener(this);
    FSaveas.addActionListener(this);
    miFExit.addActionListener(this);
    miECut.addActionListener(this);
    miECopy.addActionListener(this);
    miEPaste.addActionListener(this);
    miEDelete.addActionListener(this);
    miESelectAll.addActionListener(this);
    miSFont.addActionListener(this);
    miHAbout.addActionListener(this);
    TextContent.addTextListener(this);
    TextContent.addMouseListener(this);    //注册记事本编辑区域文本内容改变的监听
    addWindowListener(new closeWindow());  //注册关闭Frame窗口的监听事件
    miEPaste.setEnabled(false);
    miECut.setEnabled(false);
    miEDelete.setEnabled(false);
    miECopy.setEnabled(false);
    //下面的语句将菜单项加到菜单棒上,将菜单条加到菜单项上
    mb.add(mFile);
    mb.add(mEdit);
    mb.add(mStyle);
    mb.add(mHelp);
    mFile.add(miFNew);
    mFile.add(miFOpen);
    mFile.add(miFSave);
    mFile.add(FSaveas);
    mFile.add(mline);
    mFile.add(miFExit);
    mEdit.add(miECut);
    mEdit.add(miECopy);
```

```java
        mEdit.add(miEPaste);
        mEdit.add(miEDelete);
        mEdit.addSeparator();
        mEdit.add(miESelectAll);
        mStyle.add(miSFont);
        mHelp.add(miHAbout);
        setMenuBar(mb);                                    //设置 Frame 的菜单栏为 mb
        ConP.setBackground(new Color(200,200,200));
        add(ConP);
        ConP.setLayout(new BorderLayout());
        ConP.add(TextContent);
        TextContent.setText("");
        OFDialog.setLocation(130,150);
        SFDialog.setLocation(130,150);
        setVisible(true);
        setResizable(false);
    }
    class closeWindow extends WindowAdapter{           //定义子类响应关闭窗口事件
        public void windowClosing(WindowEvent e){      //实现处理窗口关闭事件的方法
            if(FileName.equals("无标题——简易记事本")&&TextContent.getText().
            equals("")){
                dispose();
                System.exit(0);
            }
            if(getTitle().indexOf("*")!=-1){
                String Msg="文件"+FileName+"的文字已经被改变。\n 想保存文件吗?";
                int option1=JOptionPane.showConfirmDialog(null,Msg, titles, YNC,WMsg);
                if(option1==Yes)
                    SaveFile();
                if(fg==1||option1==No){
                    dispose();
                    System.exit(0);
                }
            }else{
                dispose();
                System.exit(0);
            }
        }
    }
    public void mouseReleased(MouseEvent e){
        if(!TextContent.getSelectedText().equals("")){
            miECut.setEnabled(true);
            miEDelete.setEnabled(true);
            miECopy.setEnabled(true);
        }else{
            miECut.setEnabled(false);
            miEDelete.setEnabled(false);
            miECopy.setEnabled(false);
        }
    }
    public void mouseEntered(MouseEvent e) { }
    public void mouseExited(MouseEvent e) { }
```

```java
    public void mouseClicked(MouseEvent e) { }
    public void mousePressed(MouseEvent e) { }
    public void actionPerformed(ActionEvent e){
      String Msg="文件"+FileName+" 的文字已经被改变。\n 想保存文件吗?";
      if(e.getSource()==miFExit){                          //单击"关闭"命令
         if (FileName.equals ("无标题——简易记事本") &&TextContent.getText().
          equals("")){
            dispose();
            System.exit(0);
         }else
           closingWd();
      }else if(e.getSource()==miFNew){                     //单击"新建"命令
        if(!Saved && !flago && !fn){
           int option=JOptionPane.showConfirmDialog(null, Msg, titles, YNC,WMsg);
           if(option!=Cancel){
              if(option==Yes){
                 SaveFile();
                 if(Saved)
                    resetNote();
              }else
                 resetNote();
           }
        }else
            resetNote();                                   //新建文本
      }else if(e.getSource()==miFOpen){                    //单击"打开"命令
        if(!Saved && !fn){
           int option=JOptionPane.showConfirmDialog(null, Msg, titles, YNC, WMsg);
           if(option!=Cancel){
             if(option==Yes){
               SaveFile();
               if(Saved)
                  OpenFile();
             }else
                OpenFile();
           }
        }else
           OpenFile();                                     //打开文件
      }else if(e.getSource()==miFSave){
         flagas=false;
         SaveFile();                                       //保存文件
      }else if(e.getSource()==FSaveas){
         flagas=true;
         Saved=false;
         SaveFile();
      }else if(e.getSource()==miECut){                     //剪切选中文本
         CopyText=TextContent.getSelectedText();
                                        //将选中的文本保存到 CopyText 变量中
         TextContent.replaceRange("",TextContent.getSelectionStart(),
                     TextContent.getSelectionEnd());
```

```java
                                                            //删除选中的文本
        TextContent.select(TextContent.getSelectionStart(),
                    TextContent.getSelectionStart());
                                                       //设置使得文本没有被选中
     miEPaste.setEnabled(true);
     miECut.setEnabled(false);
     miEDelete.setEnabled(false);
     miECopy.setEnabled(false);
    }else if(e.getSource()==miECopy){         //复制文本
     CopyText=TextContent.getSelectedText();
                                         //将选中的文本保存到CopyText变量中
     miEPaste.setEnabled(true);
     miECut.setEnabled(true);
     miEDelete.setEnabled(true);
    }else if(e.getSource()==miEPaste){          //粘贴文本
     TextContent.replaceRange(CopyText,TextContent.getSelectionStart(),
                    TextContent.getSelectionEnd());
                                                     //将文本插入光标处
     miECut.setEnabled(false);
     miEDelete.setEnabled(false);
     miECopy.setEnabled(false);
    }else if(e.getSource()==miEDelete){         //删除文本
     TextContent.replaceRange("",TextContent.getSelectionStart(),
                    TextContent.getSelectionEnd());
     miECut.setEnabled(false);
     miEDelete.setEnabled(false);
     miECopy.setEnabled(false);
    }else if(e.getSource()==miESelectAll){       //选中所有文本
     TextContent.selectAll();
     if(!TextContent.getSelectedText().equals("")){
        miECut.setEnabled(true);
        miEDelete.setEnabled(true);
        miECopy.setEnabled(true);
     }
    }else if(e.getSource()==miHAbout){
     new AboutBook(this);
    }else if(e.getSource()==miSFont){
     new FontFrame(this);
    }
  }
   public void textValueChanged(TextEvent e){     //当文本内容改变时
    if(e.getSource()==TextContent){            //将显示在窗口上的标题加"*"
     if(getTitle().indexOf("*")==-1){
       if(!oldText.equals(TextContent.getText())){
         flago=false;
         setTitle(getTitle()+"*");
         Saved=false;
         fn=false;
         fg=0;
```

```
      }else{
        flago=true;
        fn=true;
      }
    }
  }
}
void resetNote(){
  Saved=false;
  fn=true;
  TextContent.setText("");
  FileName="无标题——简易记事本";
  setTitle(FileName);
  oldText="";
}
public void OpenFile(){
  OFDialog.setVisible(true);
  String oldfile=FileName;
  FileName=OFDialog.getFile();
  fileopen=OFDialog.getDirectory();
  if(FileName!=null){
    File fme=new File(fileopen,FileName);
    try{
      BufferedReader readinBuf=new BufferedReader(new FileReader(fme));
      String readlineSt,alltxt=new String();
      while((readlineSt=readinBuf.readLine()) !=null)
        alltxt +=readlineSt +"\n";
      Saved=true;
      TextContent.setText(alltxt);
      oldText=alltxt;
      readinBuf.close();
    }catch(Exception e){
      String errtxt="当前路径下无此文件,请检查您输入的路径或文件名是否有误!";
      TextContent.setText(errtxt);
      oldText=errtxt;
    }
    flago=true;
    fn=false;
    setTitle(FileName+"——简易记事本");
  }else
    FileName=oldfile;
}
void SaveFile(){
  String tmpFileName=FileName;
  String fi=new String();
  if(!Saved){                                          //如果需要保存,则执行保存语句
    if(FileName.compareTo ("无标题——简易记事本")==0||flagas){
                                              //如无文件名则弹出保存文件的对话框
      SFDialog.setVisible(true);
```

```java
        fi=SFDialog.getFile();
        fileopen=SFDialog.getDirectory();
        if(fi!=null) FileName=fi;
      }
      if(FileName!=null&&fi!=null){
        f=new File(fileopen,FileName);
        setTitle(FileName+"——简易记事本");
        fg=1;
        Saved=true;
        fn=true;
        try{
          FileWriter fw=new FileWriter(f);
          fw.write(TextContent.getText());
          fw.close();
        }catch (IOException ef){}
      }
    }
  }
  public void closingWd(){
    String Msg="文件"+FileName+" 的文字已经被改变。\n 想保存文件吗?";
    if(!Saved&&!fn){                                     //文件没保存则先提示是否保存文件
        int option1=JOptionPane.showConfirmDialog(null, Msg, titles, YNC, WMsg);
        if(option1==Yes)
            SaveFile();
        if(fg==1||option1==No){
            dispose();
            System.exit(0);
        }
    }else{                                               //退出系统
      dispose();
      System.exit(0);
    }
  }
}
class FontFrame   implements ItemListener,ActionListener{
  JFrame fontframe;
  JLabel fontLb,styleLb,sizeLb;
  JTextField fonttext,styletext,sizetext;
  JTextArea example;
  List fontlist,stylelist,sizelist;
  JButton   fontok,fontcancel;
  String fontname;
  int fontstytle=Font.PLAIN;
  int fontsize=12;
  mainFrame notebookframe=null;
  FontFrame(mainFrame p){
    notebookframe=p ;
    fontframe=new JFrame();
    fontLb=new JLabel("字体:");
    fontLb.setBounds(10,6,40,20);
```

```java
fonttext=new JTextField("Arial");
fonttext.setBounds(10,24,110,20);
fontlist=new List(6);
fontlist.setBounds(10,45,110,110);
GraphicsEnvironment ge=GraphicsEnvironment.getLocalGraphicsEnvironment();
                                                           //计算机上可用字体名
String fontName[]=ge.getAvailableFontFamilyNames();
for(int i=0;i<fontName.length;i++)
fontlist.add(fontName[i]);
fontlist.addItemListener(this);
styleLb=new JLabel("字形:");
styleLb.setBounds(130,6,40,20);
styletext=new JTextField("常规");
styletext.setBounds(130,24,60,20);
stylelist=new List(6);
stylelist.setBounds(130,45,60,110);
stylelist.add("常规");
stylelist.add("粗体");
stylelist.add("斜体");
stylelist.add("粗斜体");
stylelist.addItemListener(this);
sizeLb=new JLabel("大小:");
sizeLb.setBounds(200,6,40,20);
sizetext=new JTextField("12");
sizetext.setBounds(200,24,60,20);
sizelist=new List(6);
sizelist.setBounds(200,45,60,110);
String Size[]={"8","9","10","11","12","13","14","16","18","20",
            "22","24","26","28","36","48","72",
            "初号","小初","一号","小一","二号","小二","三号","小三",
            "四号","小四","五号","小五","六号","小六","七号","八号"};
for(int i=0;i<Size.length;i++)
   sizelist.add(Size[i]);
sizelist.addItemListener(this);
fontok=new JButton("确定");
fontok.setBounds(270,24,70,20);
fontcancel=new JButton("取消");
fontcancel.setBounds(270,50,70,20);
example=new JTextArea(6,30);
example.setBounds(10,160,250,120);
example.setText("AaBbCcDd\n 字体样式字号示例\n");
example.setBorder(new TitledBorder("示例"));
example.setBackground(new Color(200,230,230));
example.setEditable(false);
Container fontcontainer=fontframe.getContentPane();
fontcontainer.setLayout(null);                  //设置布局为空
fontcontainer.add(fontLb);
fontcontainer.add(styleLb);
fontcontainer.add(sizeLb);
```

```java
            fontcontainer.add(fonttext);
            fontcontainer.add(styletext);
            fontcontainer.add(sizetext);
            fontcontainer.add(fontlist);
            fontcontainer.add(stylelist);
            fontcontainer.add(sizelist);
            fontcontainer.add(example);
            example.setEditable(false);
            fontcontainer.add(fontok);
            fontok.addActionListener(this);
            fontcontainer.add(fontcancel);
            fontcancel.addActionListener(this);
            fontframe.setUndecorated(true);
            fontframe.getRootPane().setWindowDecorationStyle(JRootPane.INFORMATION_DIALOG);
            fontframe.setResizable(false);
            fontframe.setBounds(notebookframe.getX()+10,notebookframe.getY()+60,
                        360,320);
            fontframe.setTitle("字体");
            fontframe.validate();
            notebookframe.setEnabled(false);
            fontframe.setVisible(true);
            fontframe.addWindowListener(new WindowAdapter(){
              public void windowClosing(WindowEvent e){
                fontframe.setVisible(false);
                notebookframe.setVisible(true);
                notebookframe.setEnabled(true);
              }
            });
        }
        public void itemStateChanged(ItemEvent e){
            if(e.getSource()==fontlist){
              fontname=fontlist.getSelectedItem();
              fonttext.setText(fontname);
            }else if(e.getSource()==stylelist){
              int index=stylelist.getSelectedIndex();
              switch(index){
                case 0:
                    fontstytle=Font.PLAIN;break;
                 case 1:
                    fontstytle=Font.BOLD; break;
                 case 2:
                    fontstytle=Font.ITALIC;break;
                 case 3:
                    fontstytle=Font.BOLD+Font.ITALIC; break;
              }
              styletext.setText(stylelist.getSelectedItem());
            }else if(e.getSource()==sizelist){
              int index=sizelist.getSelectedIndex();
```

```
      if(index<=16)
        fontsize=Integer.parseInt(sizelist.getSelectedItem());
      else{
        int[] size={100,90,80,60,50,40,30,20,18,16,12,11,9,8,7};
        fontsize=size[index-17];
      }
      sizetext.setText(sizelist.getSelectedItem());
    }
    Font font=new Font(fontname,fontstytle,fontsize);
    example.setFont(font);
  }
  public void actionPerformed(ActionEvent e){
    if(e.getSource()==fontok){
      Font fondstyle=new Font(fontname,fontstytle,fontsize);
      notebookframe.TextContent.setFont(fondstyle);
    }
    fontframe.setVisible(false);
    notebookframe.setVisible(true);
    notebookframe.setEnabled(true);
  }
}
class AboutBook extends JFrame implements ActionListener{
  JLabel image1,image2,label1,label2,label3,label4;
  JButton  butok;
  ImageIcon pic1,pic2;
  mainFrame notebookframe=null;
  AboutBook(mainFrame frame){
    notebookframe=frame;
    label1=new JLabel("简易记事本");
    label2=new JLabel("版权所有 Java 程序设计组");
    label3=new JLabel("本产品符合用户许可协议,授予:");
    label4=new JLabel("本书阅读者");
    pic1=new ImageIcon("logo.jpg");
    pic2=new ImageIcon("icon.jpg");
    image1=new JLabel(pic1);
    image2=new JLabel(pic2);
    butok=new JButton("确定");
    Container Acon=getContentPane();
    Acon.setLayout(null);
    Acon.add(image1);
    image1.setBounds(0,0,360,76);
    Acon.add(image2);
    image2.setBounds(6,80,40,40);
    Acon.add(label1);
    label1.setBounds(56,76,260,60);
    Acon.add(label2);
    label2.setBounds(56,116,260,60);
    Acon.add(label3);
    label3.setBounds(56,156,260,60);
```

```java
      Acon.add(label4);
      label4.setBounds(56,196,260,60);
      Acon.add(butok);
      butok.setBounds(274,246,60,30);
      butok.addActionListener(this);
      setUndecorated(true);
      getRootPane().setWindowDecorationStyle(JRootPane.INFORMATION_DIALOG);
      setResizable(false);
      setBounds(notebookframe.getX()+10,notebookframe.getY()+60,360,320);
      setTitle("关于");
      validate();
      notebookframe.setEnabled(false);
      setVisible(true);
      addWindowListener(new WindowAdapter(){
        public void windowClosing(WindowEvent e){
          setVisible(false);
          notebookframe.setVisible(true);
          notebookframe.setEnabled(true);
        }
      });
    }
    public void actionPerformed(ActionEvent e){
      if(e.getSource()==butok){
        setVisible(false);
        notebookframe.setVisible(true);
        notebookframe.setEnabled(true);
      }
    }
  }
}
```

2. 图像浏览器代码

```java
//案例10.2：图像浏览器
//SplitPaneDemo.java
package ch10.project;
import java.awt.*;
import java.awt.event.*;
import javax.swing.*;
import javax.swing.event.*;
import java.util.*;
import java.lang.*;
import java.io.*;

public class SplitPaneDemo implements ListSelectionListener,ActionListener{
  private JFrame frame;
  private Container contentPane;
  private JLabel picture;
  private JList list;
```

```java
      private JSplitPane splitPane;
      private DefaultListModel model;
      private Vector imageNames;
      private int Imgw,Imgh;
      private int defaultw=640;
      private int index;
      JPanel pProg;
      JLabel label1=new JLabel("图像文件位置");
      JLabel text1=new JLabel();
      JButton button1=new JButton("浏览目录...");
      JButton b1=new JButton("放大");
      JButton b2=new JButton("缩小");
      JButton b3=new JButton("恢复");
      ImageIcon newImage;
      File directory=new File("");
      JFileChooser jfc=new JFileChooser(directory.getAbsolutePath());
                                                              //文件选择器
      public SplitPaneDemo() {
        frame=new JFrame("SplitPaneDemo");
        contentPane=frame.getContentPane();
        text1.setText(directory.getAbsolutePath());
        model=new DefaultListModel();
        list=new JList(model);
        getImageFiles(new File(""));                    //获得当前文件的目录路径
        list.addListSelectionListener(this);
        JScrollPane listScrollPane=new JScrollPane(list);
        newImage=new ImageIcon((String)model.firstElement());
        picture=new JLabel(newImage);
        Imgw=newImage.getIconWidth();
        Imgh=newImage.getIconHeight();
        if(defaultw>Imgw) defaultw=Imgw;
            newImage=new ImageIcon(newImage.getImage().getScaledInstance(defaultw,
                           defaultw*Imgh/Imgw, Image.SCALE_DEFAULT));
        picture.setIcon(newImage);
        picture.setHorizontalAlignment(SwingConstants.CENTER );
        JScrollPane pictureScrollPane=new JScrollPane(picture);
        pProg=new JPanel();
        pProg.add(label1);
        pProg.add(text1);
        pProg.add(button1);
        button1.addActionListener(this);
        b1.addActionListener(this);
        b2.addActionListener(this);
        b3.addActionListener(this);
        pProg.add(b1);
        pProg.add(b2);
        pProg.add(b3);
        JSplitPane splitPane1=new JSplitPane(JSplitPane.HORIZONTAL_SPLIT,false,
                               pProg,listScrollPane);
```

```java
        splitPane1.setOneTouchExpandable(true);
        splitPane1.setDividerLocation(130);
        splitPane=new JSplitPane (JSplitPane.VERTICAL_SPLIT, splitPane1, pictureScrollPane);
        splitPane.setOneTouchExpandable(true);
        splitPane.setDividerLocation(100);
        Dimension minimumSize=new Dimension(100, 50);
        listScrollPane.setMinimumSize(minimumSize);
        pictureScrollPane.setMinimumSize(minimumSize);
        splitPane.setPreferredSize(new Dimension(640, 480));
        contentPane.add(splitPane);
        frame.pack();
        frame.setVisible(true);
        frame.addWindowListener(new WindowAdapter() {
            public void windowClosing(WindowEvent e) {System.exit(0);} });
    }
    public void getImageFiles(File f){
        String baseDIR=f.getAbsolutePath();
        File baseDir=new File(baseDIR);
        String[] filelist=baseDir.list();
        int j=0;
        String tempName=null;
        model.removeAllElements();
        for (int i=0; i <filelist.length; i++) {
            File readfile=new File(baseDIR +"\\" +filelist[i]);
            if(!readfile.isDirectory()) {
                tempName=   readfile.getName();
                if(tempName.indexOf(".jpg")!=-1)                 //匹配成功,将文件名添加到列表
                    model.addElement(filelist[i]);
                if(tempName.indexOf(".JPG")!=-1)
                    model.addElement(filelist[i]);
                if(tempName.indexOf(".GIF")!=-1)
                    model.addElement(filelist[i]);
                if(tempName.indexOf(".gif")!=-1)
                    model.addElement(filelist[i]);
            }
        }
        if(j==0)
            model.addElement("当前目录下无图像文件");
        list.setSelectionMode(ListSelectionModel.SINGLE_SELECTION);
        list.setSelectedIndex(0);
    }
    public void valueChanged(ListSelectionEvent e) {
        defaultw=640;
        if (e.getValueIsAdjusting())
            return;
        JList theList=(JList)e.getSource();
        if (theList.isSelectionEmpty()) {
```

```java
      picture.setIcon(null);
    } else {
      index=theList.getSelectedIndex();
      newImage=new ImageIcon(text1.getText()+"\\"+
                     (String)list.getModel().getElementAt(index));
      Imgw=newImage.getIconWidth();
      Imgh=newImage.getIconHeight();
      if(defaultw>Imgw) defaultw=Imgw;
         newImage = new  ImageIcon (newImage. getImage ( ). getScaledInstance
         (defaultw, defaultw * Imgh/Imgw, Image.SCALE_DEFAULT));
      picture.setIcon(newImage);
      picture.setHorizontalAlignment(SwingConstants.CENTER);
      picture.revalidate();
    }
  }
  protected static Vector parseList(String theStringList){
    Vector<String>v=new Vector<String>();
    StringTokenizer tokenizer=new StringTokenizer(theStringList," ");
    while (tokenizer.hasMoreTokens()) {
      String image=tokenizer.nextToken();
      v.addElement(new String(image));
    }
    return v;
  }
  public void actionPerformed(ActionEvent e){
    if(e.getSource().equals(button1)){
                                        //判断触发方法的按钮是哪个
      jfc=new JFileChooser(text1.getText());
      jfc.setFileSelectionMode(1);
      String[] filelist1=null;
                                        //设定只能选择到文件夹
      int state=jfc.showOpenDialog(null);
                                        //此句是打开文件选择器界面的触发语句
      if(state==1){
         return;                        //撤销则返回
      }else{
         File f=jfc.getSelectedFile();  //f 为选择到的目录
         text1.setText(f.getAbsolutePath());
         getImageFiles(f);
      }
    }else{
      newImage=new ImageIcon(text1.getText()+"\\"+
                       (String)list.getModel().getElementAt(index));
      picture.setIcon(newImage);
      if(e.getSource().equals(b1)){
         defaultw=defaultw+50;
      }else if(e.getSource().equals(b2)){
         defaultw=defaultw-50;
      }else if(e.getSource().equals(b3)){
```

```
            defaultw=640;
        if(defaultw>Imgw) defaultw=Imgw;
        }
          newImage = new  ImageIcon (newImage. getImage ( ). getScaledInstance
          (defaultw, defaultw* Imgh/Imgw, Image.SCALE_DEFAULT));
        picture.setIcon(newImage);
        picture.setHorizontalAlignment(SwingConstants.CENTER);
        picture.revalidate();
    }
  }
  public static void main(String s[]) {
    new SplitPaneDemo();
  }
}
```

3. 个人信息通讯录

```
//案例10.3: 通讯录
//TableShow.java
package ch10.project;
import java.awt.*;
import java.awt.event.*;
import java.util.*;
import javax.swing.*;
import javax.swing.table.*;
import java.io.*;

public class TableShow extends JFrame implements ActionListener{
    private boolean modifyF=false;
    private JLabel nameL;
    private JLabel sexL;
    private JLabel phoneL;
    private JLabel positionL;
    private JLabel relationL;
    private JLabel noteL;
    private JTextField nameT;
    private JTextField phoneT;
    private JTextField positionT;
    private JTextField noteT;
    private JComboBox relation;
    final int Inf=JOptionPane.INFORMATION_MESSAGE;
    final int Err=JOptionPane.ERROR_MESSAGE;
    final int War=JOptionPane.WARNING_MESSAGE;
    private String[] relMsg={"朋友","同学","合作者","同事","老板",
                            "老师","学生","亲戚"};
    private JRadioButton sexB,sexG;
    private ButtonGroup sexGroup;
    private JButton addB;
    private JButton resetB;
```

```java
    private JButton modifyB;
    private JButton deleteB;
    private JTable Msgtable;
    private DefaultTableModel tableM;
    private String Msgtabletitle[]=new String[]{"序号","姓名","性别","联系方式",
    "关系","常用地址","备注"};
    JPanel pane, pane1, pane2, pane3, panel;
    JScrollPane spane;
    Font font=new Font("宋体",0,16);
    Vector<String>Msgtvector;
    private static int rows=0;
    public TableShow(){
        init();
    }
    private void init(){
        tableM=new DefaultTableModel(Msgtabletitle,0);
        Msgtable=new JTable();
        Msgtable.setModel(tableM);
        Msgtable.setPreferredScrollableViewportSize(new Dimension(500,160));
        Msgtable.setEnabled(false);
        spane=new JScrollPane(Msgtable);
        add(spane,BorderLayout.NORTH);
        pane=new JPanel();
        pane1=new JPanel();
        pane2=new JPanel();
        pane3=new JPanel();
        pane3.setSize(500,200);
        pane.setLayout(new FlowLayout(Label.LEFT));
        pane1.setLayout(new FlowLayout(Label.LEFT));
        pane2.setLayout(new FlowLayout(Label.LEFT));
        pane3.setLayout(new GridLayout(3,1));
        nameL=new JLabel("姓名");
        nameL.setSize(50,20);
        nameL.setFont(font);
        pane.add(nameL);
        nameT=new JTextField(22);
        pane.add(nameT);
        sexL=new JLabel("性别");
        sexL.setSize(6,20);
        sexL.setFont(font);
        pane.add(sexL);
        sexB=new JRadioButton("男");
        sexB.setSelected(true);
        sexB.setFont(font);
        sexG=new JRadioButton("女");
        sexG.setFont(font);
        sexGroup=new ButtonGroup();
        pane.add(sexB);
        pane.add(sexG);
```

```java
sexGroup.add(sexB);
sexGroup.add(sexG);
phoneL=new JLabel("联系方式");
phoneL.setSize(50,16);
phoneL.setFont(font);
pane1.add(phoneL);
phoneT=new JTextField(19);
pane1.add(phoneT);
relationL=new JLabel("关系");
relationL.setSize(50,20);
relationL.setFont(font);
pane1.add(relationL);
relation=new JComboBox(relMsg);
pane1.add(relation);
relation.setFont(font);
positionL=new JLabel("地址");
positionL.setSize(50,20);
positionL.setFont(font);
pane2.add(positionL);
positionT=new JTextField(22);
pane2.add(positionT);
noteL=new JLabel("备注");
noteL.setSize(50,20);
noteL.setFont(font);
pane2.add(noteL);
noteT=new JTextField(12);
pane2.add(noteT);
pane3.add(pane);
pane3.add(pane1);
pane3.add(pane2);
add(pane3);
panel=new JPanel();
addB=new JButton("添加");
addB.setActionCommand("addMsg");
panel.add(addB);
addB.addActionListener(this);
resetB=new JButton("重置");
resetB.setActionCommand("reset");
panel.add(resetB);
resetB.addActionListener(this);
modifyB=new JButton("修改");
modifyB.setActionCommand("modify");
panel.add(modifyB);
modifyB.addActionListener(this);
modifyB.setToolTipText("该按钮实现列表内容能否修改的切换功能");
deleteB=new JButton("删除");
deleteB.setActionCommand("delete");
panel.add(deleteB);
deleteB.addActionListener(this);
```

```java
      add(panel,BorderLayout.SOUTH);
      readf();
      setVisible(true);
      setSize(500,350);
      setResizable(false);
    }
    private void readf(){
      File f=new File("message.txt");
      try{
        FileReader fr=new FileReader(f);
        int i=0;
        int c;
        String st="";
        String sa[]=new String[]{"","","","","",""};
        while((c=fr.read())!=-1){
          char t=(char)c;
          if(t==','){
            sa[i++]=st;
            st="";
            if(i==6){
              Msgtvector=new Vector<String>();
              Msgtvector.add(String.valueOf(rows+1));
              Msgtvector.add(sa[0]);
              Msgtvector.add(sa[1]);
              Msgtvector.add(sa[2]);
              Msgtvector.add(sa[3]);
              Msgtvector.add(sa[4]);
              Msgtvector.add(sa[5]);
              tableM.insertRow(rows,Msgtvector);
              rows++;
              i=0;
            }
          }else
              st=st+t;
        }
        fr.close();
      }catch (IOException ef){}
    }
    private void saveMsg(){
      File f=new File("message.txt");
      try{
        FileWriter fw=new FileWriter(f);
        String TMsg[]=new String[]{"","","","","","",""};
        for(int n=0;n<rows;n++){
          for(int m=0;m<7;m++)
            TMsg[m]=(String)tableM.getValueAt(n,m);
          fw.write(TMsg[1]+","+TMsg[2]+","+TMsg[3]+","+TMsg[4]+","+
          TMsg[5]+","+TMsg[6]+",");
        }
```

```java
      fw.close();
    }catch (IOException ef){}
}
public void actionPerformed(ActionEvent e){
  if(e.getActionCommand().equals("addMsg")){
    String getnamet=nameT.getText();
    String getsext;
    if(sexB.isSelected())
       getsext="男";
    else
       getsext="女";
    String getphoneT=phoneT.getText();
    String getrelation=(String)relation.getSelectedItem();
    String getpositiont=positionT.getText();
    String getnote=noteT.getText();
    if(getnamet.equals("")){
      JOptionPane.showMessageDialog(null,"姓名信息不能为空!","警告",War);
      nameT.requestFocus();
    }else{
      Msgtvector=new Vector<String>();
    Msgtvector.add(String.valueOf(rows+1));
    Msgtvector.add(getnamet);
    Msgtvector.add(getsext);
    Msgtvector.add(getphoneT);
    Msgtvector.add(getrelation);
    Msgtvector.add(getpositiont);
    Msgtvector.add(getnote);
    tableM.insertRow(rows,Msgtvector);
    rows++;
    File f=new File("message.txt");
        try{
      FileWriter fw=new FileWriter(f,true);
      fw.write(getnamet+","+getsext+","+
      getphoneT+","+getrelation+","+getpositiont+","+getnote+",");
         fw.close();
      }catch (IOException ef){}
    }
    nameT.setText("");
    phoneT.setText("");
    positionT.setText("");
    noteT.setText("");
  }else if(e.getActionCommand().equals("modify")){
    if(!modifyF){
      Msgtable.setEnabled(true);
      modifyB.setText("保存");
      modifyF=true;
      String Msg="单击或双击列表单元格,可修改其内容\n改选其他单元格并保存,修
                  改内容生效";
      JOptionPane.showMessageDialog(null, Msg , "提示", Inf);
```

```java
        }else{
          Msgtable.setEnabled(false);
          modifyB.setText("修改");
          modifyF=false;
          saveMsg();
           JOptionPane.showMessageDialog(null,"列表中单元格的内容将不能被修
                                        改!","提示",Inf);
        }
      }else if(e.getActionCommand().equals("delete")){
        String inMsg=JOptionPane.showInputDialog("请输入要删除信息的序号值");
        String s="0123456789";
        int d=1;
        if(inMsg!=null&&!inMsg.equals("")){
          for(int i=0;i<inMsg.length();i++)
            if(s.indexOf(inMsg.substring(i,i+1))==-1) d=-1;
          if(d!=-1){
            int inputV=Integer.parseInt(inMsg)-1;
            if(inputV<0||inputV>=rows)
              JOptionPane.showMessageDialog(null,"输入数值超出合理范围!",
              "提示信息",Err);
            else{
              tableM.removeRow(inputV);
              rows--;
              for(int j=0;j<rows;j++)
                tableM.setValueAt(String.valueOf(j+1),j,0);
              saveMsg();
            }
          }else
            JOptionPane.showMessageDialog(null,"输入数值不符合要求!","提
                                        示信息",Err);
        }
      }
   }
   public static void main(String[] args){
     TableShow j=new TableShow();
     j.addWindowListener(new WindowAdapter(){
       public void windowClosing(WindowEvent e){
         System.exit(0);
       }
     });
   }
}
```

10.5 小结

本章通过对 3 个项目的设计、实施,综合应用了 Java 的类、接口、方法及 API 库等知识点,针对不同的功能需求,设计了不同的交互界面,通过监听界面中相关对象的事件,利用 Java 的类库方法设计了相关的事件处理,使得项目的逻辑功能得到完整实现。

在文本编辑器的设计中,需要读写文本文件中的字符,使用了 FileReader、FileWriter 等文件读写类实现字符流的操作,使用 FileDialog 类调用了文件的对话框交互界面,增强了程序的交互性和逻辑性。文本域的编辑中,主要用到 getSelectionStart()、getSelectionEnd()、getSelectedText()等方法,对所要编辑的文本信息进行了定位、选取和替换,并使用了多个辅助标记量,确保了操作逻辑的正确性。字体对话框的实现部分是本项目的难点,程序中将字体对话框设计为子类,用单独的 JFrame 对象包容相关的子对象,当弹出字体对话框时,使用 setEnabled()方法将编辑主窗口变为不可操作,选择字体、字形、字号后再返回主画面。

图像浏览器的设计主要涉及图像文件的读取和图像的显示。读取文件时用到了文件选择器,使用 JFileChooser 类来实现,并根据指定的文件名创建一个 ImageIcon,支持的图像格式有 GIF、JPEG、PNG。最后使用 JLabel 对象的 setIcon()方法显示图像图标。如果指定的文件不存在,程序会正确执行,同时显示提示信息。如果只浏览固定的图像文件信息,可使用 properties 文件存放图像文件信息,类 ResourceBundle 中的 getBundle()方法会取得一个 ResourceBundle 的实例,通过 getString()方法获取指定 key 值的 value 值,然后转换为 JList 的对象,用 Vector 类动态调整 JList 的大小。代码段如下:

```
...
private Vector imageNames;
private JLabel picture;
private JList list;
try {                       //Read image names from a properties file
    imageResource=ResourceBundle.getBundle("imagenames");
    String imageNamesString=imageResource.getString("images");
    imageNames=parseList(imageNamesString);
} catch (MissingResourceException e) {
    System.out.println("ad");
    System.exit(0);
}
list=new JList(imageNames);
list.setSelectionMode(ListSelectionModel.SINGLE_SELECTION);
list.setSelectedIndex(0);
ImageIcon firstImage=new ImageIcon((String)imageNames.firstElement());
picture=new JLabel(firstImage);
picture. setPreferredSize ( new  Dimension ( firstImage. getIconWidth ( ),
firstImage.getIconHeight ()));
...
```

个人信息通讯录用到 JTable 对象来动态显示、编辑记录信息,同时将该信息动态更新到磁盘文本文件中,同样用到了 Vector 类,声明时指定为 String 类型,避免了编译时的安全检查错误。

参 考 文 献

[1] 王新春,王彤宇. Java 程序设计实例教程[M]. 北京:清华大学出版社,2009.
[2] 吕凤翥,马皓. Java 语言程序设计[M]. 北京:清华大学出版社,2010.
[3] 耿祥义,张跃平. Java 程序设计精编教程[M]. 北京:清华大学出版社,2010.
[4] 杨树林,胡洁萍. Java 语言最新实用案例教程[M]. 北京:清华大学出版社,2006.
[5] David M. Arnow, Scott Dexter, Gerald Weiss. Java 面向对象程序设计(影印版)[M]. New York: Brooklyn College of University of New York,2006.
[6] Cay S. Horstmann,Gary Cornell. Core Java Volume Ⅰ-Fundamentals 8 edition[M]. New Jersey:Prentice Hall,2007.
[7] Cay S. Horstmann, Gary Cornell. Core Java Volume Ⅱ- Advanced Features 8 edition[M]. New Jersey:Prentice Hall,2008.
[8] Ian F. Darwin. Java Cookbook, Second Edition[M]. New York:O'Reilly Media,2004.
[9] Joshua Bloch. Effective Java (2nd Edition) [M]. New Jersey: Prentice Hall, 2008.
[10] Ken Arnold, James Gosling, David Holmes. Java Programming Language (4th Edition) [M]. New Jersey:Prentice Hall, 2005.
[11] Brian Goetz, Tim Peierls, Joshua Bloch,等. Java Concurrency in Practice[M]. Addison-Wesley Professional,2006.
[12] 辛运帏,饶一梅,马素霞. Java 程序设计[M]. 北京:清华大学出版社,2006.
[13] 孙卫琴. Java 面向对象编程[M]. 北京:电子工业出版社,2006.
[14] Bruce Eckel. Thinking in java[M]. 北京:机械工业出版社,2005.
[15] 朱战立,沈伟. Java 程序设计实用教程[M]. 北京:电子工业出版社,2005.
[16] 李发致. Java 面向对象程序设计教程[M]. 北京:清华大学出版社,2004.
[17] 殷兆麟. Java 语言程序设计[M]. 北京:高等教育出版社,2002.
[18] 王健. Java 语言程序设计[M]. 北京:机械工业出版社,2008.